食品检验检测技术与质量安全管理

呼延蓉　高　艳　高彦敏　主编

经济日报出版社
北　京

图书在版编目（CIP）数据

食品检验检测技术与质量安全管理 / 呼延蓉，高艳，高彦敏主编．-- 北京：经济日报出版社，2024.2
ISBN 978-7-5196-1411-9

Ⅰ．①食… Ⅱ．①呼… ②高… ③高… Ⅲ．①食品检验②食品分析③食品安全－质量管理 Ⅳ．① TS207.3 ② TS201.6

中国国家版本馆 CIP 数据核字 (2023) 第 256528 号

食品检验检测技术与质量安全管理
SHIPIN JIANYAN JIANCE JISHU YU ZHILIANG ANQUAN GUANLI

呼延蓉　高　艳　高彦敏　主编

出　　版：经济日报出版社
地　　址：北京市西城区白纸坊东街 2 号院 6 号楼 710（邮编 100054）
经　　销：全国新华书店
印　　刷：廊坊市海涛印刷有限公司
开　　本：710mm×1000mm　1/16
印　　张：11.75
字　　数：198 千字
版　　次：2024 年 2 月第 1 版
印　　次：2024 年 2 月第 1 次印刷
定　　价：68.00 元

本社网址：edpbook.com.cn，微信公众号：经济日报出版社

编委会

主　编　呼延蓉　高　艳　高彦敏

副主编　王慧丽　王志远　秦　萍

陈　飞　杨　惠　侯晓慧

前 言

食品作为人类生活不可或缺的组成部分，其质量和安全问题一直备受关注。每当发生食品安全事件都会引起全社会对食品安全问题的关注。在这样的背景下，食品检验检测作为确保食品安全的重要手段，扮演着至关重要的角色。食品检验检测不仅能够及早发现潜在的风险、防范食品安全事故的发生，还能够为消费者提供可靠的食品信息，保障公众健康。然而，要确保食品检验检测的准确性和可靠性，并不是一项简单的任务。食品检验检测的质量控制和细节处理是保障食品安全的关键环节，通过科学合理的质量控制和细节处理，可以提升食品检验检测结果的可靠性和准确性，为公众提供更加安全的食品保障。

食品质量安全具有极为重要的意义。食品质量安全管理主要包括两个层面，一是针对食品加工从业人员或食品加工单位的自身管理，从内部保证所生产的食品质量必须符合行业标准和国家制定的各项规定。食品质量关系到国计民生，必须为人民群众提供优质的食品，绝不能以次充好。二是国家食品安全监督和管理部门对于行业的监督与管理，为人民群众的饮食健康和生命安全保驾护航，督促各食品加工单位以更高的标准从事生产经营活动，不断提高我国食品行业的竞争力和公信力。食品质量安全管理工作对于社会的稳定具有重要的作用。随着生活水平的提高，人们对于食品安全的需求日益增长，食品质量安全管理需要引起足够重视，并持续加强。

本书围绕“食品检验检测技术与质量安全管理”这一主题，阐述了食品质量与分析检验、食品微生物检验室建设与管理、食品微生物检验基础操作技术；论述了食品质量控制与管理、食品质量安全管理基础、食品质量标准体系、食品安全控制与管理体系；探究了原粮检验、粮食安全质量体系、粮食质量安全控制技术、食品安全监测与预警等内容，以期为读者理解与践行食品检验检测技术与质量安全管理提供有价值的参考和借鉴。本书内容翔实、条理清晰、逻辑合理，可作为从事粮食生产、加工方面专业技术人员的参考书。

在写作过程中，笔者借鉴了许多相关领域的理论著作，并参考了一些学者的观点和研究成果，在此谨向他们表示崇高的敬意和诚挚的感谢。如果本书有任何不足之处，恳请读者和同行批评指正。当然，也希望每位读者都能为书中的内容和观点提供建议。这些宝贵的建议将使笔者在未来的研究中不断改进，也将成为笔者实践探索的源泉和动力。

作者

2023年11月

目录

第一章　食品质量与分析检验综述

第一节　食品质量安全概述

一、食品质量安全现状

目前，食品质量安全已成为全社会关注的热点，这主要是由于我国人民生活已由温饱型食物结构，转向营养健康型食物结构。随着食品营养卫生知识得到全面普及，人们的饮食消费观念也由数量型转向质量型，对食品卫生质量标准的要求更高了。同时，由于工农业生产的迅速发展和城市人口的剧增，工业“三废”、城市废弃物排放，再加上地面水域的污染等，影响我国饲料作物、畜产品和水产品等食品原材料的质量。除此之外，一些不法食品生产者使用廉价的化工原料等，造成食品中农药残留、污染物和有毒物质超标，给食品带来了质量安全隐患，严重危害了人体健康。

二、国内外食品分析标准简介

（一）建立分析标准的意义及作用

食品分析标准是食品安全的重要保证，是提高我国食品质量，增强我国食品在国际市场上的竞争力，促进产品出口创汇的技术目标依据。在维护市场经济秩序，尤其是维护食品安全领域的健康发展和社会稳定，提高我国食品质量和信誉，确保人民身体健康和生命安全等方面起着十分重要的作用。

（二）国内食品分析标准

我国法定的食品分析方法有中华人民共和国国家标准（GB）、行业标准和地方企业标准等，其中，国家标准具有强制性。

目前，我国执行的食品新标准是中国标准出版社2016年出版的《食品卫生检验方法》（理化部分），该标准是以我国原国家标准为基础，参照国际标准和世界经济技术发达国家的国家标准制定的，既符合我国国情，又具有国际先进水平，是食品质量分析工作重要的检验和执法依据。对我国大多数食品生产企业来说，只要进行技术改造，提高企业素质，是完全能够达到这些标准的，其生产的食品质量也是能够达到国际市场要求的。

（三）国际食品分析标准

国际标准是指国际标准化组织（ISO）、国际电工委员会（IEC）和国际电信联盟（ITU）所制定的标准。国际食品分析标准没有强制的含义，各国可以自愿采用或参考。但由于国际标准往往集中了一些技术先进、经济发达的工业国家的经验，加之世界性的经济贸易与往来越来越频繁，各国也往往积极采用国际标准。

世界经济技术发达国家的国家标准主要是指美国（ANS）、德国（DIN）、法国（NF）、英国（BS）、瑞士（SNV）、瑞典（SIS）、意大利（UNI）、俄罗斯（TOCTP）、日本（JIS）9个国家的国家标准。随着欧盟共同体的发展和欧洲统一市场的不断完善，法国、德国等国家标准有逐步被欧洲标准（EN）取代的趋势。

1.食品法典

食品法典委员会是制定食品安全和质量标准的重要机构之一。1962年，联合国粮农组织（FAO）和世界卫生组织（WHO）组建了食品法典委员会，负责制定食品与农产品的标准与安全性法规。各项标准汇集在食品法典中，旨在维护食品的公平竞争，保护消费者的利益和健康，促进国际食品贸易。食品法典委员会（CAC）所编写的食品法典包括食品产品标准、卫生或技术规范、农药残留限量、农药和兽药检测、食品添加剂检测等。食品法典已成为全世界食品消费者、食品生产者、各国食品管理机构和国际食品贸易最重要的参考标准。

食品法典努力使不同国家和地区的食品安全性分析方法有效地统一起来，以便有效地维护世界贸易的流通，尽量保证世界各国在食品进出口贸易中作出更加合理的决定。HACCP（Hazard Analysis Critical Control Point）即危害分析关键控制点，是一个以预防食品安全为基础的食品控制体系，并被国际权威机构认可为控制由食品引起的疾病的最有效的方法。HACCP的最大优点是它使食品生产或供应厂商将以最终产品检验合格或不合格为主要基础的控制观念，转变为在生产环境下鉴别并控制住潜在危害的预防性方法。食品法典将HACCP概念作为保护易腐败食品安全性的首选方法，并决定在食品法典中实施HACCP体系。

目前，食品法典在制定基本食品标准方面更加注重科学性，由食品法典委员会颁布的有关食品质量的国际标准在减少“非关税”贸易壁垒方面起到了很重要的作用，大大促进了世界各国间的食品与农产品贸易。1994年，乌拉圭回合谈判制定的关税与贸易协定（GATT）加强了食品法典作为基本国际标准在保证食品质量与安全性方面所起的作用，越来越多的国家和食品企业都加入执行食品法典的行列之中。

2.ISO标准

国际标准化组织（ISO）有一系列产品质量控制及纪录保持的国际标准（ISO 9000及其9000以上），其目的是建立质量保证体系，维护产品的完整性，满足消费者对质量的要求。ISO标准中与食品分析有关的标准包含了食品分析的取样标准。

目前，已有近90个国家将ISO 9000转化为本国标准，大部分国家采用此标准进行了质量体系认证，包括我国在内的30多个国家率先建立了质量体系认证国家认可制度。一些国家已开始将企业是否进行过ISO 9000认证作为选定合作伙伴的基本条件。

标准国际化是世界贸易组织（WTO）、国际标准化组织（ISO）和欧盟（EU）等国际组织和一些发达国家发展战略的重点。欧盟发展战略要在国际标准化活动中形成欧洲地位，提升欧洲食品在世界市场上的竞争力。美国、日本等国也把确保标准的市场适应性、标准化政策和研究开发政策的协调、实施作为国际标准化战略的重点，特别强调以标准化为目的的研究开发的重要性，日本已将科研人员参加标准化活动的水平纳入个人业绩，进行具体考核。许多国家都积极培养具有专业知识的高级国际标准化人才，以便在世界贸易中处于更加有利的地位。

三、食品标签法规

食品标签是食品质量和安全的保证。随着现代工业的发展、技术的进步和国际贸易的蓬勃开展，世界各国都十分重视食品标签的立法和管理工作，许多国家相继制定了食品标签及广告用语的技术法规来保护消费者的应有权益。例如，联合国粮农组织（FAO）与世界卫生组织（WHO）的附属机构——食品法规委员会（CAC），专门设有食品标签法规委员会（CCFL），秘书处设在加拿大，每两年召开1次年会，制定或修订国际通用的食品标签法规及食品广告用语的规定等。我国于2005年10月1日起实施的《预包装食品标签通则》（GB7718—2004）就是以该组织制定的《预包装食品标签通用标准》（CODEXSTAN—1991）为蓝本，结合我国国家标准GB7718—1994而修订的。此外，还有《预包装特殊膳食食品标签通则》（GB13432—2004）等。

四、食品分析检验的目的

对食品进行质量分析检验，可以实现以下目的。

（一）判定食品的质量合格与否

通过对食品的质量检验，以判定其质量是否合格。

（二）证实食品的符合性

任何食品的加工生产都必须按规定的标准进行生产，最终质量水平是否符合标准的质量要求，须通过质量检验来证实。

（三）评定食品质量

通过质量检验确定产品的缺陷及其严重程度，为质量评定和质量改进提供依据。

（四）考核过程质量

对产品的生产过程进行工艺技术监督和过程质量的检验，了解职工贯彻执行工艺规程的情况，检查工艺纪律，考核过程质量是否处于稳定状态。

（五）获得质量信息

通过质量检验可以获得大量的质量数据，对这些数据进行统计分析，既可以提供产品质量考核指标的完成情况，又可以为质量改进和广泛开展的质量管理活动提供重要的质量信息。

（六）仲裁质量纠纷

当企业内部各部门之间及企业与顾客之间因产品质量问题而发生纠纷，或生产者对质量检验结果提出异议时，可做仲裁检验，判定责任，作出公正的裁决。

第二节　食品分析检验的方法、作用与内容

一、食品分析检验的方法类型

在食品分析与检验工作中，由于分析目的的不同，或由于被测组分和干扰成分的性质及其在食品中存在的含量差异，所选择的分析检验方法也不尽相同。常用的分析检验方法有感官分析检验法、物理分析检验法、化学分析检验法、物理化学分析检验法、仪器分析检验法、微生物分析检验法和酶分析检验法等。

（一）感官分析检验法

感官分析检验，是在生理学、心理学和统计学的基础上发展起来的一种分析检验方法。食品的感官分析检验是借助人的感觉器官（视觉、嗅觉、味觉、触觉等）对食品的色、香、味、口感及组织状态等质量特征及人们自身对食品的嗜好倾向作出评价，再根据统计学原理对评价结果进行统计分析，从而得出理性的结论。感官分析检验有两种类型，一是以人的感官作为测量工具，测定食品的质量特征；二是以食品作为测试工具，测定人的嗜好、偏爱倾向。

目前，有些产品的质量特征还不能用仪器检验，只能靠感官检验。即使拥有先进的测量仪器，感官检验的重要性也不随之降低，只有仪器分析与感官分析相结合，感官指标与理化指标相互补充，才能得到产品质量的完整信息。因此，感官分析检验法是重要的食品分析与检验手段之一。

（二）物理分析检验法

物理分析检验法是根据食品的一些物理常数与食品的组成成分及含量之间的关系，通过对一些物理常数（如密度、沸点、凝固点、体积、折射率等）进行测定，可间接求出食品中某种成分的含量，进而判断被检食品的纯度和品质，从而了解食品的组成成分及其含量的分析检验方法。物理分析检验法具有准确、快速、方便等特点，是食品企业生产中常用的方法。如密度法测定糖液的浓度、酒中酒精含量，检验牛乳是否掺水、脱脂等；折光法测定果汁、番茄制品、蜂蜜、糖浆等食品中的固形物含量，牛乳中乳糖含量等；旋光法测定饮料中蔗糖含量、谷类食品中淀粉含量等。

（三）化学分析检验法

化学分析检验法是以物质的化学反应为基础，使被测成分在溶液中与试剂作用，由生成物的量或消耗试剂的量来确定食品组成成分和含量的方法。在食品的常规检验中相当一部分指标都必须用化学分析检验法进行检测，化学分析检验法是食品分析与检验中最基础、最重要的分析检验方法。化学分析检验法包括质量法和容量法。

（四）物理化学分析检验法

物理化学分析检验法是通过测量物质的光学性质、电化学性质等物理化学性质来求出被测组分含量的方法。它包括光学分析检验法、电化学分析检验法、色谱分析检验法、质谱分析检验法和放电化学分析检验法等。如光学分析检验法用于测定食品中的无机元素、碳水化合物、蛋白质与氨基酸、食品添加剂、维生素等成分。色谱分析检验法是近几年迅速发展起来的一种分析技术，它极大地丰富了食品分析与检验的内容，解决了许多用常规化学分析检验法不能解决的微量成分分析检验难题，为食品分析与检验技术开辟了新途径。

（五）仪器分析检验法

仪器分析检验法是通过测量物质的光学性质、电化学性质等物理化学性质来求出被测组分含量的方法。它包括光学分析法、电化学分析法、色谱分析法、质谱分析法和光电化学分析法等，食品分析与检验中常用的是前3种方法。光学分析法又分为紫外—可见分光光度法、原子吸收分光光度法、荧光分析法等，可用于分析食品中的无机元素、碳水化合物、蛋白质、氨基酸、食品添加剂、维生素等成分。电化学分析法又分为电导分析法、电位分析（离子选择电极）法、极谱分析法等。电导分析法可测定糖品灰分和水的纯度等；电位分析法广泛应用于测定pH值、无机元素、酸根、食品添加剂等；极谱分析法已应用于测定重金属、维生素、食品添加剂等，这些方法解决了一些食品的前处理和干扰问题。色谱法包含许多分支，食品分析与检验中常用的是薄层层析法、气相色谱法和高效液相色谱法，可用于测定有机酸、氨基酸、糖类、维生素、食品添加剂、农药残留量、黄曲霉毒素等。

仪器分析检验法具有灵敏、快速、操作简单、易于实现自动化等优点。随着科学技术的发展，仪器分析检验法已越来越广泛地应用于现代食品分析与检验中。

（六）微生物分析检验法

微生物分析检验法是基于某些微生物生长需要特定的物质，通过对细菌、病毒进行观察、培养与检测，来判断微生物的污染程度的分析检验方法。微生物分析检验法条件温和，克服了化学分析检验法和仪器分析检验法中某些被测成分易分解的缺点，方法的选择性也较高。此法已广泛应用于维生素、抗生素残留量、激素等成分的分析检验中。

（七）酶分析检验法

酶是生物催化剂，它具有高效和专一的催化特征，而且是在温和的条件下进行催化反应。酶分析检验法是利用生物酶的特效反应进行物质定性、定量的分析检验方法。生物酶作为分析试剂应用于食品分析与检验中，解决了从复杂的组分中检测某一成分而不受或很少受其他共存成分干扰的问题。酶分析检验法具有简便、快速、准确、灵敏等优点，目前，它已应用于食品中有机酸（如乳酸、柠檬酸等）、糖类（如果糖、乳糖、葡萄糖、麦芽糖等）、淀粉、维生素C等成分的测定。

二、食品分析方法的选择

（一）正确选择分析方法

分析方法的选择主要取决于测定的目的、要求和具体分析方法的特点。一个理想的分析方法应该能直接从样品中检出或测定待测组分，即所选择的分析方法应具有高度的专一性，但截至目前，这种理想的分析方法并不多。几乎每一种分析方法都或多或少地存在着这样或那样的不足，如果所选择的分析方法在一定的条件下干扰因素较多且很难排除，其分析结果的可靠性就较差。每种分析方法都有其一定的检测限和灵敏度，如果试液中待测组分的含量极小，低于该组分的检测限时，也不可能产生显著的检测信号。所以，正确选择分析方法对获得准确可靠的分析结果，指导食品生产，控制和保证食品产品质量具有十分重要的意义。

（二）选择分析方法时应考虑的因素

选择分析方法时应考虑分析方法的有效性、适用性和权威性，同时要考虑分析方法的精密度、准确度、分析速度、实验室设备情况、工作人员的素质水平、投入的成本费用、操作要求和对环境的影响等因素，尽量选择最新的国家标准或国际公认标准。如果进行生产过程指导或企业内部的质量评估，在满足准确度要求的前提下，可选择分析速度快、操作简便、成本低廉的快速测定方法。如果是对成品质量进行检验或对标志认证产品进行质量监督，则必须采用强制性法定分析方法，利用统一的技术标准，便于比较与鉴别产品质量，为各种食品贸易往来、流通提供统一的技术依据，提高分析结果的权威性。进行国际贸易时，采用国际公认的标准则更具有效性。

待测组分在样品中的相对含量和性质也是应当考虑的因素，如果待测组分是质量分数大于1%的常量物质，选用标准的化学分析方法，如果是质量分数小于1%的微、痕量组分，则采用比较灵敏的仪器分析方法可以获得较准确的分析结果。了解待测组分的性质有利于分析方法的选择。例如，过渡金属离子均可形成配合物，可用配位滴定法测定。金属元素又都能发射或吸收特征光谱线，所以，含量低时可用原子发射光谱或原子吸收光谱法测定，也可以在一定的条件下用吸光光度法或极谱法分析。为保证测定方法具有较高的准确度，共存组分的干扰必须加以考虑。要采用方便可行的方法排除干扰或必要时加以分离，要尽量选择具有较高选择性和灵敏度的分析方法。

（三）分析方法的评价参数

进行食品分析时，常常遇到一种被测组分可以用多种方法进行测定，而一种分析方法也可以测定多种组分的情况。如果我们能够用一系列参数对不同的分析方法进行评价，就可以有效地帮助人们比较不同的分析方法，去选择最优的测定方法进行工作，减少盲目性。随着食品科学的不断发展，食品分析方法的评价标准和参数也将逐步建立和完善，这些参数主要如下。

1.精密度

精密度是指在相同条件下对同一样品进行多次平行测定，各平行测定结果之间的符合程度。同一人员在同一条件下分析的精密度叫重复性，不同人员在各自条件下分析的精密度叫再现性，通常是指前者。

2.灵敏度

仪器或方法的灵敏度是指被测组分在低浓度区时，浓度改变一个单位所引起的测定信号的改变量，它受校正曲线的斜率和仪器设备本身的精密度的限制。两种方法的精密度相同时，校正曲线斜率较大的方法较灵敏；两种方法校正曲线的斜率相等时，精密度好的灵敏度高。

根据IUPAC的规定，灵敏度的定量定义是指在浓度线性范围内校正曲线的斜率，各种方法的灵敏度可以通过测量一系列的标准溶液来求得。

3.线性范围

校正曲线的线性范围是指定量测定的最低浓度到遵循线性响应关系的最高浓度间的范围，在实际应用中，分析方法的线性范围至少应有两个数量级，有些方法的线性范围可达5～6个数量级。线性范围越宽，样品测定的浓度适用性越强。

4.检测下限

检测下限简称检出限，是指能以适当的置信度检出组分的最低浓度或最小质量（或最小物质的量），它是由最小检测信号值推导出的。

检出限和灵敏度密切相关，但其含义不同。灵敏度指的是分析信号随组分含量的变化率与检测器的放大倍数有直接关系，并没有考虑噪声的影响。因为随着灵敏度的提高，噪声也会增大，但信噪比和方法的检出能力不一定会得到提高，而检出限与仪器噪声有直接联系，提高测定精密度、降低噪声，可以改善检出限。高度易变的空白值会增大检测限，因此，越灵敏的痕量分析方法越要注意环境和溶液本底的干扰，它们往往是决定分析方法检出限的主要因素。

5.准确度

准确度是多次测定的平均值与真值相符合的程度，用误差或相对误差描述，其值越小，准确度越高。实际工作中，常用标准物质或标准方法进行对照实验确定，或用纯物质加标进行回收率实验估计，加标回收率越接近100%，分析方法的准确度越高，但加标回收实验不能发现某些固定的系统误差。

6.选择性

选择性是指分析方法不受试样基体共存物质干扰的程度，然而，迄今为止还没有发现有哪一种分析方法绝对不受其他物质的干扰。选择性越好，干扰越少。如果一种分析方法对某待测组分不存在任何干扰，那么，这种测定方法对待测组分就是专一性的或称为特效性的，发生在生物体内的酶催化反应通常具有很高的专一性。

7.分析速度

快速检测方法能缩短检测时间，从配制所需试剂开始，包括样品的处理在内，通常能够在几分钟或十几分钟内得到最为理想的测定结果，但这种理想的分析方法目前还不多。一般来说，作为理化检验，能够在2小时内得出分析结果就认为是快速的检验方法。

8.适用性

每一种分析方法都有一定的适用范围和测定对象。例如，原子吸收光谱法适用于测定样品中的微、痕量金属元素，气相色谱法适用于测定样品中沸点较低的有机化合物，而红外光谱分析法主要用于鉴别物质的精细空间结构。所以，学习各种分析方法时，一定要清楚它们的主要测定对象和适用范围。

9.简便性及成本

操作的简便性及投入成本也是分析方法评价的重要内容，如果一种分析方法操作繁杂，技术要求太高就不利于普及和提高。从投入成本和花费的代价考虑，能够用一般的实验条件圆满完成测定任务的项目，就没有必要使用贵重精密的大型仪器和紧缺昂贵的试剂。在保证足够准确度的前提下，从工作效率和产生的经济效益和社会效益考虑，简单易学的就是好方法。所以，从满足实际工作需要考虑，快速、简便、成本低廉、简单易学、操作安全的分析方法应是食品分析实验室的首选。

（四）食品分析检验的基本操作

食品分析检验工作中，接受的任务各不相同，遇到的样品形形色色、各种各样，对食品分析工作者来说，在具体进行分析测定之前，了解食品分析的一般程序，充分做好各方面的准备，对保证分析过程的顺利实施，提高检测质量和分析结果的可靠性具有十分重要的意义。食品分析过程是由许多相互关联的步骤有机结合的统一体，每一个步骤都会影响分析结果的准确性。分析的任务、对象、目的和所用的方法、仪器不同，组成分析的步骤也不尽相同，但通常包含以下程序：①接受实验任务，明确实验目的。②查阅有关文献，收集相关资料。③选择分析方法，制订实验方案。④讨论具体实施细则，明确分工、落实任务。⑤准备所需材料、试剂、仪器和实验记录本，必要时对所用仪器进行校正。⑥按所用方法规定采集样品。⑦样品的处理、试液的制备、试剂的配制及保存。⑧样品的测定及数据记录。⑨数据的处理、分析结果的获得及评价。⑩分析结果的报告、项目实施工作总结和分析全过程资料的存档等。

为保证所有检验工作单位保持同等的工作质量，在相同条件下数据溯源同等再现，保证所做的结论不受任何外界干预和影响，抽样人员或接受委托样品的人员以及管理人员与检验人员必须相互回避，在收发样品程序上应使用密码编号，确保检验公正。

另外，在上下班时，工作人员都要穿上工作服认真打扫和清洁室内、实验桌面卫生，清洗所用玻璃仪器和整理所用精密仪器设备，养成良好的工作习惯，同时，控制好分析全过程的关键点，保证测定数据的真实性和分析结果的可靠性。保存好分析样品和测定数据的档案也是极为重要的一个环节。操作规范是食品分析的最基本要求，也能保证分析样品及测定结果的可重复性、测定过程及数据的可追溯性、测定结论的准确性和科学性。

现代食品分析检验是以现代科学技术尤其是计算机、自动化技术和现代分析仪器为基础的，学习食品分析必须牢固掌握分析化学的基本理论、现代仪器分析各种方法的基本原理以及有关的化学、生物化学、物理等前导课程的基础知识，并根据食品分析与检验的特点，注重理论与实践相结合，加强基本操作和仪器、设备使用技术的训练，尽快提高自己的动手能力，较好地解决在科研、科技开发和生产过程中遇到的具体问题。

食品分析检验是一门实践性很强的课程，实验、实践环节占用很长的课时。因此，该课程要求每位学习者“好学多思，勤于实践”，从中不断汲取科学营养。在实验、实习等实践活动中，学习者要合理安排有关进程，要有的放矢，特别注意培养团队精神，培养团结互助、细心操作、认真观察、如实记录、爱护仪器、节约试剂、注意环境整洁、实事求是地处理数据和撰写实验报告的良好习惯，注意培养自己的职业道德和扎实的工作作风。

三、食品分析检验的性质和作用

“国以民为本，民以食为天，食以安为先，安以质为重，食品质量是关键。”随着生活水平的不断提高，人们不再满足于“吃饱、吃好”，追求安全、科学、营养均衡、吃出健康和长寿的生活理念在不断增强。因此，消费者迫切需要各种富有营养、安全可口、味道鲜美、有益健康的高质量食品的出现。通常，人们根据食品的化学组成及色、香、味等物理特性来确定食品的营养价值、功能特性，并决定是否购买。所以，无论是食品企业、广大消费者，还是各级政府管理机构以及国内外的食品法规，均要求食品科学工作者监控食品的化学组成、物理性质和生物学特性，以确保食品的品质和安全性。

食品分析检验是专门研究食品物理特性、化学组成及含量的测定方法、分析技术及有关理论，进而科学评价食品质量的一门技术学科，是食品质量与安全、食品科学与工程、食品营养与检验教育等专业的一门必修课程。食品分析依据物理、化学、生物化学的一些基本理论和国家食品卫生标准，运用现代科学技术和分析手段，对各类食品（包括原料、辅助材料、半成品及成品）的主要成分和含量进行检测，以保证生产出质量合格的产品。食品分析贯穿于原料生产、产品加工、贮运和销售的全过程，实行的是全过程检测，是食品质量管理和食品质量保证体系的一个重要组成部分。同时，食品分析检验作为质量监督和科学研究不可缺少的手段，在食品资源的综合利用、食品加工技术的创新提高、保障人民身体健康等方面都具有十分重要的作用。

四、食品分析检验的内容和范围

食品分析检验不但在食品质量保障方面起着十分重要的作用，而且是优质产品及其生产过程的“眼睛”和“参谋”，在开发食品新资源、研发食品新产品、设计食品新工艺、创新食品新技术等方面起着不可估量的作用。因此，要求食品科学、食品分析工作者根据样品的性质和分析项目、分析目的和任务，优先选择国家标准或国际标准方法，进行样品的制备和准确的操作，正确地处理分析数据、获得可靠的分析结果。所以，要求食品科学和食品分析工作者必须经过严格的专业训练，具有坚实的分析理论基础知识、娴熟的操作技能，熟悉国家相关的法律法规、技术标准和方法，同时具有优秀的自身素质和高尚的职业品德，具有求实的工作作风和高度的责任心。工作时，细心认真、一丝不苟、诚实地完成分析测定的全过程，这是进行食品分析、保证分析质量的基础和前提。

食品分析检验主要包括食品感官的检验、食品理化指标检验、食品营养成分的检验、食品添加剂的检验、食品微生物检验及食品中有毒有害物质的检验、转基因食品的检验、食品掺伪检验等。

（一）食品感官指标分析检验

食品质量的优劣最直接地体现在它的感官性状上。各种食品都具有各自的感官特征，除了色、香、味是所有食品共有的感官特征外，液态食品还有澄清、透明等感官指标，固体、半固体食品还有软、硬、弹性、韧性、黏、滑、干燥等一切能被人体感官判定和接受的指标。好的食品不但要符合营养和卫生的要求，而且要有良好的可接受性。因此，各类食品的质量标准中都有感官指标。感官鉴定是食品质量检验的主要内容之一，在食品分析检验中占有重要的地位。

（二）食品理化分析检验

食品理化检验是食品加工、贮存及流通过程中质量保证体系的一个重要组成部分，它是依据物理、化学、生物化学的一些基本理论和国家食品卫生标准，运用现代科学技术和分析手段，对各类食品（包括原料、辅助材料、半成品及成品）的主要成分和含量进行检测，以保证生产出质量合格的产品。食品理化检验是研究和评定食品品质及其变化的一门专业性很强的实验科学。食品理化检验还是分析化学与食品科学相结合的一门边缘学科，同时是化学、生物学、物理学、信息技术等在食品质量监控中的综合应用技术。

食品理化检验技术是预防和减少食源性疾病的基础方法及手段。食品安全技术的应用首先体现在检测技术上，检测正是保证食品质量安全最为基础的手段。在食品的不安全因素无法检出的情况下，安全是无法保证的。如果没有检测技术，首先是无法得知一种食品是否有不安全因素；其次是无法知道这种不安全因素程度如何，这就可能导致人们长期受其危害却浑然不觉。以二噁英对食品的污染来说，如果没有相应的检测技术的出现，我们现在还不知道有这种污染，更无法去防范。解决食品安全问题，也就是要减少食源性疾病的问题，而我们要知道哪种疾病是和食物中的哪种因素有关，在此过程中，需要相应的检测技术作为支撑。

（三）食品营养成分分析检验

食品营养是人们较为关注的问题，也是评价食品质量的重要参数。食品营养分析是食品分析的常规项目和主要内容之一，它包括对常见六大营养要素和食品营养标签要求的全部项目指标的检验。食品营养标签法规要求生产者向所有消费者提供具有营养信息的食品，能够使消费者知道所选用的食品正是他们所需要的食品。根据食品营养标签法规的要求，所有食品商品标签上都要注明该食品的主要原料、营养要素和热量的信息及含量，保健性食品或功能性食品还要注明其特殊因子的名称、含量及其介绍。

食品中含有多种营养成分，如水分、蛋白质、脂肪、碳水化合物、维生素和矿物质元素等。不同的食品所含营养成分的种类和含量各不相同，在天然食品中，能够同时提供各种营养成分的品种较少，因此，人们必须根据人体对营养的需求，进行合理搭配，以获得较全面的营养。因此，必须对各种食品的营养成分进行分析，以评价其营养价值，为选择食品提供参考。此外，在食品工业生产中，对工艺配方的确定、工艺合理性的鉴定、生产过程的控制及成品质量的监测等，都离不开营养成分的分析。所以，营养成分的分析是食品分析检验中的主要内容。

（四）食品添加剂分析检验

食品添加剂是指食品在生产、加工或保存过程中，添加到食品中期望达到某种目的的物质。食品添加剂本身通常不作为食品来食用，也不一定具有营养价值，但加入后能起到防止食品腐败变质，增强食品色、香、味的作用，因而在食品加工中使用十分广泛。食品添加剂多是化学合成的物质，如果使用的品种或数量不当，将会影响食品质量，甚至危害食用者的健康。因此，对食品添加剂的鉴定和检测具有十分重要的意义。

（五）食品微生物分析检验

根据历年来全国食物中毒事件情况的通报，分别从微生物性、化学性、有毒动植物、其他不明原因食物中毒几个方面进行统计，每年微生物性食物中毒事件的报告起数和中毒人数均占首位，因而对食品及其生产加工过程进行微生物学检验，对控制食品质量和保障食品安全有重要意义。

食品微生物检验是应用微生物学的理论与方法，研究外界环境和食品中微生物的种类、数量、性质及活动规律，对人和动物健康的影响及其检验方法与指标的一门学科，是近年来形成的微生物学的一个分支学科。微生物与食品的关系复杂，既有有利的一面，也有有害的一面。食品微生物检验，侧重于有害方面，重点研究食品的微生物污染、检测范围、卫生指标、检验方法等。

通过食品微生物学检验，可以判断食品加工环境及食品卫生状况，对食品污染的途径作出正确的评价，为各项卫生管理工作提供依据，为预防食物传染和食物中毒提供切实可行的防治措施，对提高产品质量、保障食品安全、保证出口、避免经济损失等具有重大意义。

（六）食品中有毒有害物质分析检验

食品安全关系人的生命安全，食品安全检验责任重大。它包括对食品中有害物质或限量元素的分析，如各类农药残留、兽药残留、霉菌毒素残留、各种重金属含量、食品添加剂含量、环境有害污染物、食品生产过程中有害微生物和有害物质的污染，以及食品原料、包装材料中固有的一些有害、有毒物质的检验等。

食品安全是食品应具备的首要条件，其安全指标是构成食品质量的基础。

食品安全检验离不开有关权威部门发布的强制性食品质量标准。因此，食品安全检验有其特殊性。由于现代科学技术的快速发展和人们对食品安全性要求的不断提高，要求检验方法的检测限越来越低，新的检测方法和技术不断涌现，新型检测仪器不断问世。如何用最快速、最简便、最经济、最灵敏、最准确的方法进行检验，是食品安全检验的一项重要研究内容。其中，首要问题是快速。因为食品安全检验贯穿于食品生产的全过程，在生产、储存、运输、销售、流通等环节，都有可能受到污染，都需要进行安全检验。生产企业、质控人员、质检人员、进出口商检、政府管理部门都希望能够尽快得到准确的测定结果。所以，准确、省时、省力、简便、成本低廉的快速分析方法是政府有关部门、社会、食品生产企业等方面都迫切需要的。

食品中的污染物质是指食物中原有的或加工、贮藏时由于污染混入的，对人体有急性或慢性危害的物质。就其性质而言，可分为两类：一类是生物性污染；另一类是化学性污染。另外，使用不符合要求的设备和包装材料以及加工不当都会对食品造成污染。这类污染物主要有以下几类。

（1）有害元素。由工业“三废”、生产设备、包装材料等对食品造成污染，主要有砷、镉、汞、铅、铜、铬、锡、锌及硒等。

（2）农药及兽药。由于不合理地施用农药造成对农作物的污染，再经动植物体的富集作用及食物链的传递，最终造成食品中农药的残留。另外，兽药（包括兽药添加剂）在畜牧业中的广泛使用，对降低牲畜发病率和死亡率，提高饲料利用率，促进生长和改善产品品质方面起到十分显著的作用，已成为现代畜牧业不可缺少的物质基础。但是，由于科学知识的缺乏和经济利益的驱使，畜牧业中存在滥用兽药和超标使用兽药的现象，因此导致动物性食品中兽药残留超标。

（3）细菌、霉菌及其毒素。这是由于食品的生产或贮藏环节不当而引起的微生物污染，如危害较大的黄曲霉毒素。另外，还有动植物中的一些天然毒素，如贝类毒素、苦杏仁中存在的氰化物等。

（4）包装材料带来的有害物质。由于使用了质量不符合卫生要求的包装材料，如聚氯乙烯、多氯联苯、荧光增白剂等有害物质，造成包装材料对食品的污染。

（七）转基因食品分析检验

转基因生物（Genetically Modified Organism，GMO）又称遗传饰变生物，一般是指用遗传工程的方法将一种生物的基因转入另一种生物体内，从而使接受外来基因的生物获得它本身所不具有的新特性，这种获得外来基因的生物称为转基因生物。以此种生物为原料制作的食品称为转基因食品。如以转基因大豆为原料生产的豆油就是转基因食品。

近年来，转基因作物及由这些作物加工而成的转基因食品迅猛发展，世界各国试种的转基因植物已接近5000种。转基因食品对人及动物的健康，以及对环境的影响是世界各国及联合国等国际组织关心的焦点问题。

为确保安全，2000年联合国通过了《生物安全议定书》，确认了预先防范原则，各国对转基因食品都采取了限制或禁止进口活的转基因产品的政策。我国规定“绿色食品”不得用转基因产品为原料，生产的转基因食品必须在包装上标明转基因及其原料的名称。

世界各国都要求转基因食品从研究、生产、储存、运输、销售、进出口等环节进行全程的“跟踪”检测，转基因食品的检验分析已成为各主要贸易国的一项重要工作，许多国家专门建立了国家级转基因食品检测实验室，不但能够确认转基因产品的种类和成分，还可以检测有关转基因成分的含量。

（八）食品掺伪分析检验

食品掺伪是食品掺杂、掺假和伪造的总称。随着我国经济的快速腾飞和食品加工业的快速发展，名优特食品和保健类功能性食品层出不穷，不断丰富和满足人民生活需求。但由于食品安全法律法规还不够健全，一些食品及其成分检验还缺乏灵敏有效的强制性标准，加之一些地方市场经济管理体系较为混乱，食品检验功能和执法落实还不到位，使得一些不法分子为牟取暴利在食品中掺杂、掺假和伪造的非法经营活动时有发生，对人民群众的身体健康构成了极大的威胁。因此，进行食品掺伪分析是食品分析的一项极其重要的内容。加强食品质量和安全管理是时代的要求，及时进行食品掺伪检验势在必行，任重道远。

五、食品分析检验的意义

食品企业的生产经营活动是一个复杂的过程，食品的生产受到人、机、料、法、环等多方面的影响，往往会引起质量波动，甚至产生不合格品。为了保证产品质量，对生产过程中的原料、外购物、半成品、成品及包装等各个生产环节的质量进行检验，提高企业信誉和社会效益，企业才能把控质量关，确保按技术标准、管理标准、工艺规程进行生产。企业只有严格实施质量检验，才有条件实现不合格原料不投产、不合格半成品不转序、不合格产品不出厂。

质量检验可以挑出各生产工序中的不合格品，起到把好质量关的作用。质量检验过程既监督了产品质量又对工艺技术的执行情况进行监督。质量检验过程所获得的大量信息和情报，又可以为及时发现过程中的异常、进行质量改进、确定过程能力、改进产品设计、调整工艺路线、计算质量成本等提供技术、经济与管理方面的数据、信息和资料。国内外大量事实证明，企业中的质量检验，任何时候都是必要的。质量管理起源于质量检验，质量检验随着质量管理的发展而发展，是质量管理的重要组成部分，在质量管理工作中发挥着重要的作用。

第三节　食品分析检验的发展现状

近年来，随着我国人民对食品安全越来越重视，对于食品分析检验也更加关注。目前，食品分析检验与发展受到食品安全、质量以及食品营养等多种因素的影响，使得食品分析检验及其发展态势并不理想。尤其是当前，人们对于食品安全的认知还比较落后，比如，消费者缺乏食品营养卫生知识、食品安全监管力度不强等因素都直接或者间接导致我国频繁出现食品安全事故，而食品分析检验技术是影响我国食品安全现状的另一个重要因素。因此，加强对食品分析检验现状及其发展的研究对保障食品安全有着重要的意义与作用。

食品分析检验是一门理论性与实践性相结合的学科，在培养学生动手能力，提高学生科研能力方面发挥着不可替代的作用。食品分析检验是通过化学知识来解决现实生活中的一些问题。因此，食品分析检验的实验原理以及具体的操作方法在食品分析检验当中占据重要的部分。当前，各种分析技术已经逐渐在食品科学中得到应用，并促进了食品分析检验的发展。

一、食品分析检验现状概述

人类的各项活动离不开食物，食物与人们的生活有着紧密的关联，其不仅能满足人体的基本需求，也在一定程度上带动了社会的进步与发展。随着人们对食品安全越来越关注，食品分析检验也逐渐受到人们的重视，并成为世界瞩目的问题。由于市场需求，人们使用各种各样的食品添加剂，如果这些食品添加剂过量的话，将会对人们的身体造成严重的危害。因此，相关部门需要运用各种食品检测手段，来检测食品当中是否含有过量的食品添加剂，是否存在有害物质超标现象。比如农药残留问题，因为蔬菜和水果在种植过程中会使用一些除草剂和杀虫剂等药品，这在一定程度上使得农产品中的药物残留过多，而食品分析检验就是检测食物上残留的污染物。

从世界范围来看，不同国家对于食物的药物残留有不同的限制。在食品分析检验中，通过气相色谱法可以有效地检测食物当中的农药，其对农药的灵敏度比较高。因此，气相色谱法在食品分析检验中的应用频率最高，此方法已经逐步走向成熟。除此之外，气相色谱法还可以与质谱相结合，主要应用在有机化合物的检测当中，并在食品、农业等多个行业中得以实践与应用。

随着我国科学技术不断发展，自动化技术逐渐走向成熟，食品行业中出现了许多自动化检测与分析仪器。通过自动化仪器检测不仅可以减小食品分析检验出现误差的概率，而且还可以在很大程度上提高我国食品安全检测的灵敏度。目前，我国在食品分析检验的研究上取得了较为理想的成绩，分析检测技术逐渐朝着质谱技术、光谱技术以及生物技术等技术方向演变，这些现代化的食品分析检验方法已经被广泛应用在食品分析检验中，对于保证食品安全，维护人们的身体健康发挥了重要的意义和作用。

二、食品分析检验的发展研究

目前，食品安全分析涉及的领域逐渐扩大，囊括了未知化合物的定性和定量检测、生物标志物的研究等多个范围，并初步应用在风险评估等安全领域。事实上，欧美的一些国家使用自动化分析方法代替了人工操作，比如气相色谱法以及原子吸收光谱法等技术，已经被应用在各种食品的分析以及物质检测中。

在我国，已经出现了通过电子鼻和电子舌的方式来分析检测食品的情况。电子鼻主要应用在分析一些海鲜、肉食以及蔬菜等食物上，主要是针对这些食品的新鲜和变质程度，通过导电高分子传感器，借助软件对数据进行处理，对于食物的不同阶段，使用食物分析方法进行对比。但是，这种食物分析方法的应用还不是很成熟，人们对于这种食物分析方法还不熟悉。未来如果电子鼻的食物分析方法可以得到较好的应用，将会给人们的生活带来一定的影响。

随着人们饮食结构的改变以及对食品安全的重视程度的提高，且食品行业的竞争愈加激烈，为了让更多的人食用到安全、健康的食物，相关部门应当加强对食品分析检验的研究。其实，大部分人都没有更多的机会使用和接触到食品分析检验，笔者的目的就是要让每一个人都对食品分析检验方法有一定的了解，使人们在日常的生活中可以使用一些简单的食品检测技术和仪器等分析食物的真实情况，从而保证人们食用到安全健康的食品。

第四节　食品分析检验的发展方向和趋势

从定性分析和定量分析技术两方面考虑，准确、可靠、灵敏、方便、快速、简单、经济、安全、自动化的检测方法和技术是食品分析目前的发展方向，要求尽可能使快速分析的灵敏度和准确度都能达到食品标准的限量要求，至少与食品分析标准方法检测结果相当，并在尽可能短的时间内分析大量的样品。目前，食品分析正在进行着更为深刻的变革，在分析理论上与其他学科相互渗透，在分析方法上趋于各种方法相互融合，在分析手段上趋向灵敏、快速、准确、简便、标准化和自动化，旧有的检验方法不断更新，灵敏快速的新型分析技术不断涌现并日趋完善。

为保护消费者权益，我们必须及时建立准确、灵敏、先进的快速检测方法和分析体系，对关键技术攻关，研究开发当前亟须的食源性危害快速检测及评价技术，研制具有我国知识产权的先进检测设备和仪器，用现代的检测技术装备我国的食品分析和食品安全管理体系。

一、新的测定项目和方法不断出现

随着食品工业的繁荣和食品种类的丰富，同时也由于环境污染受到越来越多的重视，人们对食品安全性的研究使得新的测定项目和方法不断出现。如蛋白质和脂肪的测定实现了半自动化分析；粗纤维的测定方法已用膳食纤维测定法代替；近红外光谱分析法已应用于某些食品中水分、蛋白质、脂肪和纤维素等多种成分的测定；气相色谱法和液相色谱法测定游离糖已经有较可靠的分析方法；高效液相色谱法也已用于氨基酸的测定，其效果甚至优于氨基酸自动分析仪；微量元素检测方法不断出新。微生物的自动化操作已在国外某些实验室中实现，维生素K、生物素、胆碱的测定方法，维生素C的简易测定方法以及各种维生素同时测定方法都已相继开发出来。

二、食品分析的仪器化

食品分析逐渐地采用仪器分析和自动化分析方法代替手工操作的陈旧方法。气相色谱仪、高效液相色谱仪、氨基酸自动分析仪、原子吸收分光光度计以及可进行光谱扫描的紫外—可见分光光度计、荧光分光光度计等在食品分析中得到越来越多的应用。

三、食品分析的自动化

随着科学技术的迅猛发展，各种食品检验的方法不断得到完善、更新，在保证检测结果准确度的前提下，食品检验正向着微量、快速、自动化的方向发展。许多高灵敏度、高分辨率的分析仪器越来越多地应用于食品分析，为食品的开发与研究、食品的安全与卫生检验提供了更有力的手段。例如，全自动牛乳分析仪能对牛乳中的各组分进行快速自动检测。现代食品检验技术中涉及了各种仪器检验方法，许多新型、高效的仪器检验技术不断出现；计算机的普及应用更使仪器分析方法提高到了一个新的水平。

四、无损分析检验和在线分析检验

食品分析与检验在操作中大多对抽检的样品进行破坏实验，虽然抽检的样品占总体积的比例很小，但是从经济角度来看也是一种消耗。随着分析检验技术的提高，已出现和发展了低耗和无损耗的分析检验技术。目前，有些项目的分析检验已经可以在生产线上完成，如线上细菌检测、线上容量检测等，这样不仅降低了消耗，减少了检测工作量，而且加快了生产的节奏，提高了经济效益。

五、综合性学科内容及其技术的融合分析检验

随着生物技术、材料力学理论的发展及其在食品分析与检验中的应用，已出现了许多新的检验方法和方式。生物传感检验技术、酶标检验、生物荧光、酶联免疫分析、流变性检验、分子印模技术等跨学科跨专业的综合性分析检验方法的出现，使得食品分析与检验技术无论从成分到结构形态的定性、定量及检测范围和检出限方面都有了极大的进步与改善。

总之，随着科学技术的进步和食品工业的发展，食品分析与检验技术的发展迅速，国际上有关食品分析与检验技术方面的研究开发工作方兴未艾，许多学科的先进技术不断渗透到食品分析与检验中，形成日益增多的分析检验方法和分析仪器设备。许多自动化分析检验技术在食品分析与检验中已得到普遍的应用。这些科技进步不仅缩短了分析时间，减少了人为误差，而且大大提高了测定的灵敏度和准确度。同时，随着人们生活和消费水平的不断提高，人们对食品的品种、质量等要求越来越高，相应地，要求分析的项目也越来越多，食品分析与检验由单一组分的分析检验正发展为多组分的分析检验，食品纯感官项目的评定正发展为与仪器分析结果相结合的综合评定。

为适应当今社会发展的需要，食品分析与检验在保障测定灵敏、准确的前提下，正朝着简易、快速、微量、可同时测量若干成分的自动化仪器分析检验的方向发展。

第二章　食品微生物检验室建设与管理

第一节　食品微生物检验室基本设计

一、选址与应具备的条件

（1）检验室应建设在远离粉尘、噪声、异味气体且电源电压相对稳定的地点。根据企业规模和产品种类，应建设不同要求的检验室。

（2）室内应具备足够的照明条件。

（3）室内必须配置干粉或二氧化碳灭火器，以备电器或化学品燃烧时灭火使用。

（4）所有电器插座均应有牢固的接地装置，以防止设备带电，造成操作人员触电事故。有条件的还应在地面铺设绝缘胶板。

二、食品微生物检验室的功能室

食品微生物检验室的功能室主要包括办公室、通用实验室、灭菌室、更衣室、缓冲室、培养室、无菌室等。

（一）办公室

办公室是检验工作人员办公的地方，其面积在20m^{2}左右，应通风采光良好，内设基本的办公桌、椅、计算机、存放资料和留样的柜子等。检验人员可以在办公室里登记待检验的样品、出检验报告和处理有关的文件资料等。检验人员也可在工作过程中在此放松休息，以便更清晰地思考、分析和解决问题。

（二）通用实验室

通用实验室用于进行微生物检验准备工作和非无菌操作实验，也可供理化检验及科研工作使用。通用实验室应设有较大的长方形工作台作为实验操作台，台下设计各专用仪器柜。台面应用石板等不易腐蚀和稳固耐用的材料制作，并加塑胶垫。另外，还应设置一个大小适当的通风橱，内配有排气系统和给排水系统，如水槽及水槽上的各种水龙头。实验室应设计为水磨石地面，这样既容易清洁又不易积水，方便工作。通用实验室还应有良好的通风照明设备和消防设施。

为了方便实验工作的开展，通用实验室应配备常用的仪器（分光光度计、pH计、烘箱、电炉等）及各种玻璃器皿和各种化学试剂、药品。此外，还应配有清洁用具和工作服。如果工厂条件许可，检验人员可以根据各自分工拥有专用的实验工作台或工位，以便快速、高效地完成检验任务。

（三）灭菌室

灭菌室是培养基及有关的检验材料灭菌的场所。灭菌设备是高压设备，具有一定的危险性。灭菌设备使用时应由专人操作，但也要方便工作。通常灭菌室设在通用实验室附近并与之保持一定距离（如隔一条走廊或小房间），以保证安全。灭菌室内安装有灭菌锅等灭菌设备。有条件的工厂可以配置更好的仪器设备，如双扇高压灭菌柜和安全门等设施。另外，灭菌室里应水电齐备并有防火设施，人员要遵守安全操作制度。

（四）更衣室

更衣室是进行微生物检验时工作人员进入无菌室之前更衣、洗手的地方。室内设置无菌室及缓冲室的电源控制开关，放置无菌操作时穿的工作服、鞋、帽子、口罩等。有时还设有装有鼓风机的小型房间，其作用是减少工作人员带入的杂菌，但其成本也很高。

（五）缓冲室

缓冲室是进入无菌室之前要经过的房间，安装有鼓风机，以减少操作人员进入无菌室时造成的污染，保证实验结果的准确性。进口和出口通常呈对角线布置，以减少空气直接对流造成的污染。要求比较高的微生物检验项目如致病菌的检验，应设有多个缓冲室。

（六）培养室

培养室是培养微生物的房间，通常要配备恒温培养箱、恒温水浴锅及振荡培养箱等设备，或整个房间安装保温、控温设备。房间要保持清洁，防尘、隔噪声。出于实际工作情况考虑，灭菌室与准备室可以合并在一起使用。有条件的工厂还可以设置样品室和仪器室。总的来说，微生物检验室的建设要合理和实用，且讲究科学性。

（七）无菌室

无菌室是进行无菌操作的场所，要求密封、清洁，安装紫外灯和空调设备（带过滤设备）及传递物品用的小窗。传递小窗应向缓冲室内开口以减少污染和方便工作。另外，无菌室内还应配备超净工作台和普通工作台。有条件的工厂可设置生物安全柜。

三、检验室主要仪器设备

微生物检验常用的仪器设备有显微镜、电冰箱、培养箱、水浴锅、均质器、电子天平、电炉、分光光度计、灭菌锅、超净工作台、紫外灯等。仪器设备可根据工厂实际情况和检验项目进行选择和配置。

四、食品微生物检验室布局要求

（一）环境要求

（1）检验室工作区域应与办公室区域明显分开。

（2）检验室工作面积和总体布局应能满足检验工作的需要。检验室布局应采用单方向工作流程，避免交叉污染。

（3）检验室内环境的温度、湿度、光照强度、噪声和洁净度等应符合工作要求。

（4）洁净区域应有明显的标识。

（二）仪器的布局要求

（1）动仪器与静仪器分开。精密仪器（如光度计、天平、比色计、酸度计、色谱仪等）必须与振动仪器（如振荡器、验粉筛、离心机、搅拌器等）分开。

（2）常温与热源设备分开。热源仪器（如电热蒸馏水器、恒温干燥箱、高温电阻炉、恒温培养箱、水浴锅、电炉等）必须与其他一切设备分开，否则会影响其他设备的正常使用，严重的会造成热蒸汽腐蚀其他设备，影响其使用寿命。

（3）化学分析台与热源设备分开。化学分析台面上应尽量少放易燃和腐蚀性试剂。化学分析台应远离热源设备。

第二节　食品微生物检验室的使用与管理

一、无菌室的使用

无菌室一般是在微生物检验室内专辟一个小房间，可以用板材和玻璃建造。无菌室建造材料应防火、隔音、隔热、耐腐蚀、耐水蒸气渗透、易清洁，彻底解决普通无菌室用瓷砖涂以乳胶漆、涂料等作墙面易生霉、积尘、剥落、不易清洁等问题。无菌室的地面常用环氧树脂自流平地坪，耐腐蚀、耐磨、易清洁。无菌室面积不宜过大，4～5m^2即可，高2.5m左右。

无菌室外要设一个缓冲室，缓冲室的门和无菌室的门不要朝向同一方向，以免气流带进杂菌。无菌室和缓冲室都必须密闭。室内装备的换气设备必须有空气过滤装置。无菌室内的地面、墙壁必须平整，不易藏污纳垢，便于清洗。工作台的台面应该处于水平状态。无菌室和缓冲室都装有紫外线灯，无菌室的紫外线灯距离工作台面1m。整个无菌室采用先进的层流净化系统，确保符合无菌室恒温、恒湿及新风量和洁净度的要求。该系统通过不同孔径的过滤膜，对空气中不同粒径的尘埃粒子进行过滤，以免附着在尘埃粒子上的微生物（包括细菌、霉菌等）污染无菌室；采用从顶部送风、下侧回风的气流组织方式，既能保证洁净度，又能节约能源。

使用无菌室的注意事项如下：

（1）无菌室应设有无菌操作间和缓冲室，无菌操作间洁净度应达到10000级，室内温度保持在20～24℃，相对湿度保持在45%～60%。超净台洁净度应达到100级。

（2）无菌室应保持清洁，严禁堆放杂物，以防污染。

（3）严防一切灭菌器材和培养基污染，已污染者应停止使用。

（4）无菌室应备有工作浓度的消毒液，如5%苯酚、70%的酒精、0.1%的新洁尔灭溶液等，应定期用适宜的消毒液灭菌清洁，以保证无菌室的洁净度符合要求。

根据无菌室的净化情况和空气中含有的杂菌种类，可采用不同的化学消毒剂。如果霉菌较多，先用5%苯酚喷洒室内，再用甲醛熏蒸；如果细菌较多，可采用甲醛与乳酸交替熏蒸。一般情况下，也可间隔一定时间用甲醛溶液2mL/m^{3}或丙二醇溶液按20mL/m^{3}熏蒸消毒。

加热熏蒸：按熏蒸空间计算甲醛溶液，盛于小铁筒内，用铁架支好，在酒精灯内注入适量酒精。将室内各种物品准备妥当后，点燃酒精，关闭门窗，任甲醛溶液煮沸挥发。酒精灯最好能在甲醛溶液蒸发完后自行熄灭。

氧化熏蒸：准备一个瓷碗或玻璃容器，倒入一定量的高锰酸钾溶液（甲醛溶液用量的1/2），另外量取定量的甲醛溶液。室内准备妥当后，把甲醛溶液倒在盛有高锰酸钾的容器内，立即关闭无菌室门。几秒钟后，甲醛溶液即沸腾而挥发。高锰酸钾是一种强氧化剂，当它与一部分甲醛溶液作用时，由氧化作用产生的热可使其余的甲醛溶液挥发为气体。熏蒸后关门密闭应保持12h以上。

（5）需要带入无菌室使用的仪器、平皿等一切物品，均应包扎严密，并应经过灭菌。

（6）工作人员进入无菌室前，必须用肥皂或消毒液洗手，然后在缓冲室更换专用工作服、鞋、帽子、口罩和手套（或用70%的酒精再次擦拭双手），方可进入无菌室进行操作。

（7）无菌室使用前，必须打开无菌室的紫外灯辐照灭菌30min以上，并且同时打开超净台进行吹风。操作完毕，应及时清理无菌室，再用紫外线灯辐照灭菌20min。

（8）供试品在检查前，应保持外包装完整，以防污染。检查前，用棉球蘸70%的酒精擦拭外表面。

（9）每次操作过程中，均应做阴性对照，以检查无菌操作的可靠性。

（10）无菌室应每月检查菌落数。在超净工作台开启的状态下，取内径90mm的无菌培养皿若干，无菌操作分别注入融化并冷却至约45℃的营养琼脂培养基约15mL，放至凝固后，倒置于30～35℃培养箱培养48h。证明无菌后，取平板3～5个，分别放置在工作位置的左侧、中间、右侧等处，开盖暴露30min后，倒置于30～35℃培养箱培养48h，取出检查。100级洁净区平板杂菌数平均不得超过1个菌落，10000级洁净室平均不得超过3个菌落。如超过限度，应对无菌室进行彻底消毒，直至重复检查合乎要求为止。

二、检验室人员的管理

（1）非必要的物品不要带进检验室，必须带进的物品（包括帽子、围巾等）应放在不影响检验操作的地方。

（2）每次检验前须用湿布擦净台面，必要时可用0.1%的新洁尔灭溶液擦台面。检验前要洗手，以减少染菌的概率。

（3）操作时要预防空气对流。在进行微生物实验操作时，要关闭门窗，以防空气对流。接种时尽量不要走动和讲话，以免因尘埃飞扬和唾沫四溅而导致杂菌污染。

（4）含菌器具要消毒后清洗。凡用过的带菌移液管、滴管或涂布棒等，在检验后应立即投入5%苯酚或其他消毒液中浸泡20min，然后再取出清洗，以免污染环境。

（5）含培养物的器皿要杀菌后清洗。在清洗带菌的培养皿、锥形瓶或试管等之前，应先煮沸10min或进行加压蒸汽灭菌。

（6）要穿干净的白色工作服。检验人员在进行检验操作时应穿上白色工作服，离开时脱去，并经常洗涤以保持清洁。

（7）凡须进行培养的材料，都应注明菌名、接种日期及操作者姓名（或组别），放在指定的温箱中进行培养，按时观察并如实地记录检验结果，按时交检验报告。

（8）检验室内严禁吸烟，不准吃东西，切忌用舌舔标签、笔尖或手指等物，以免感染。

（9）节约药品、器材和水、电、煤气。

（10）各种仪器应按要求操作，用毕按原样放置妥当。

（11）检验完毕，立即关闭煤气，整理和擦净台面，离开检验室之前要用肥皂洗手。值日生负责打扫检验室及进行安全检查（门窗、水、电及煤气等）。

（12）冷静处理意外事故。

①如因打碎玻璃器皿而把菌液洒到桌面或地上，应立即以5%苯酚液或0.1%新洁尔灭溶液覆盖，30min后擦净。若遇皮肤破伤，可先去除玻璃碎片，再用蒸馏水洗净后，涂上碘酒或红汞。

②如果菌液污染手部皮肤，可先用70%酒精棉花拭净，再用肥皂水洗净。如污染了致病菌，应将手浸于2%～3%来苏儿或0.1%新洁尔灭溶液中，经10～20min后洗净。

③菌液吸入口中，应立即吐出，并用大量自来水漱口多次，再根据该菌的致病程度做进一步处理：

a.非致病菌：用0.1%高锰酸钾溶液漱口。

b.一般致病菌（葡萄球菌、酿脓链球菌、肺炎链球菌等）：用3%H_2O_2、0.1%高锰酸钾溶液或0.02%米他芬液漱口。

c.致病菌：如吸入白喉棒杆菌，在用b方法处理后，再注射1000U白喉抗毒素做紧急预防；若吸入伤寒沙门氏菌、痢疾志贺氏菌或霍乱弧菌等肠道致病菌，在经b方法处理后，可注射抗生素预防发病。

④如果衣服或易燃品着火，应先断绝火源或电源，搬走易燃物品（乙醚、汽油等），再用湿布掩盖灭火，或将身体靠墙或着地滚动灭火，必要时可用灭火器。

⑤如果皮肤烫伤，可用5%鞣酸、2%苦味酸（苦味酸氨苯甲酸丁酯油膏）或2%龙胆紫液涂抹伤口。

⑥化学药品灼伤。

a.强酸、溴、氯、磷等酸性药剂：先用大量清水洗涤，再用5%$NaHCO_3$或5%NaOH中和。

b.NaOH、金属钠（钾）、强碱性药剂：先用大量清水洗涤，再用5%硼酸或5%乙酸中和。

c.苯酚：用95%乙醇洗涤。

d.如遇眼睛灼伤，则应先用大量清水冲洗，再根据化学药品的性质分别做处理。例如，遇碱灼烧可用5%硼酸洗涤；遇酸灼烧可用5%$NaHCO_3$洗涤，在此基础上再滴入1～2滴橄榄油或液体石蜡加以润湿即可。

三、药品试剂的管理

（1）依据检验室检验任务，制订各种药品试剂采购计划。写清品名、单位、数量、纯度、包装规格、出厂日期等，领回药品试剂后应建立账目，由专人管理，每半年做出消耗表，并清点剩余药品试剂。

（2）药品试剂应陈列整齐，放置有序，注意避光、防潮、通风干燥，瓶签完整。剧毒药品应加锁存放，易燃、挥发、腐蚀品种单独储存。

（3）领用药品试剂，须填写请领单，由使用人和检验室负责人签字。任何人无权私自出借或馈送药品试剂，本单位科、室间或外单位互借时须经科室负责人签字。

（4）称取药品试剂时应按操作规范进行，用后盖好，必要时可封口或用黑纸包裹，不使用过期或变质药品。

四、玻璃器皿的管理

（一）玻璃器皿的种类

1.试管

试管要求管壁坚厚，管直而口平。常用试管有以下规格。

（1）74mm（试管长）×10mm（管口直径），适于做康氏实验。

（2）15mm×5mm，适于做凝集反应实验。

（3）100mm×13mm，适于做生化反应实验、凝集反应及华氏血清实验。

（4）120mm×16mm，适于做斜面培养基容器。

（5）150mm×16mm，常用作培养基容器。

（6）200mm×25mm，用以盛较多量琼脂培养基，做倾注平板用。

2.培养皿

培养皿主要用于盛放细菌的分离培养基。常用培养皿有 50mm（皿底直径）× 10mm（皿底高度）、75mm × 10mm、90mm × 10mm 和 100mm × 10mm 等几种规格。活菌计数一般用 90mm × 10mm 的规格。

3.刻度吸管

刻度吸管简称吸管，用于准确吸取少量液体，其壁上有精细刻度。常用的吸管容量有1mL、2mL、5mL、10mL等；某些血清学实验常用0.1mL、0.2mL、0.25mL、0.5mL等容量的吸管。

4.试剂管

磨口塞试剂管分广口和小口之分，容量为30 ~ 1000mL。视储备试剂量选用不同大小的试剂瓶。试剂管有棕色和无色2种，盛储避光试剂时用棕色的。

5.锥形瓶（三角烧瓶）

锥形瓶多用于储存培养基和生理盐水等溶液，有50mL、100mL、150mL、200mL、250mL、300mL、500mL、1000mL、2000mL等多种规格。其底大口小，便于加塞，放置平稳。

6.玻璃缸

玻璃缸用来盛放苯酚或来苏儿溶液等消毒剂，以备浸泡用过的载玻片、盖玻片、吸管等。

7.玻璃棒

直径3 ~ 5mm的玻璃棒，做搅拌液体或标本支架用。

8.玻璃珠

玻璃珠常用中性硬质玻璃制成，直径3 ~ 4mm和5 ~ 6mm，用于血液脱纤维或打碎组织、样品或菌落等。

9.滴瓶

滴瓶有橡皮帽式和玻塞式，颜色有棕色和无色，容量有30mL或60mL，储存染色液用。

10.玻璃漏斗

玻璃漏斗分短颈和长颈2种。常用口径为60 ~ 150mm，分装溶液或过滤用。

11.载玻片、凹玻片及盖玻片

载玻片用于制作涂片，凹玻片用于制作悬滴标本和血清学检验。标准盖玻片厚度为0.17mm，用于覆盖载玻片和凹玻片上的标本。

12.发酵管

发酵管用于测定细菌对糖类的发酵，常将杜氏小玻璃管倒置于含糖液的培养基试管内。

13.注射器及大小针头

50～100mL的大型注射器多用于采血，1～20mL的注射器用于动物实验和其他检验工作。注射针头规格有多种，酌情选用。

14.量筒、量杯

量筒、量杯规格有多种，不宜装入温度很高的液体，以防底座破裂。在微生物检验中，量筒、量杯主要用于量取液体培养基、蒸馏水等。

（二）玻璃器皿的清洁与清洗

1.新玻璃器皿

新玻璃器皿含有游离碱，初次使用时，应先在2%盐酸内浸泡数小时，再用自来水冲洗干净。

2.带油污的玻璃器皿

带油污的玻璃器皿，可先在50g/L的碳酸氢钠液内煮2次，再用肥皂和热水洗刷。

3.带菌的玻璃器皿

（1）带菌的吸管及滴管：可将染菌吸管或滴管投入3%来苏儿溶液或5%苯酚溶液内浸泡数小时或过夜，经高压蒸汽灭菌后，用自来水及蒸馏水冲净。

（2）带菌载玻片及盖玻片：可先浸入5%苯酚或5%来苏儿溶液中消毒，然后用夹子取出，经清水冲净，最后浸入95%乙醇中，用时在火焰上烧去乙醇即可，或者从乙醇中取出用软布擦干，保存备用。

（3）其他带菌的玻璃器皿：应先经121℃高压蒸汽灭菌20～30min后取出，趁热倒出容器内的培养物，再用热水和肥皂水刷洗干净，用自来水冲洗，以水在内壁均匀分布一薄层而不出现水珠为油污除尽的标准。

第三章　食品微生物检验基础操作技术

第一节　光学显微镜使用技术与细菌形态观察技术

一、普通光学显微镜使用技术

普通光学显微镜的构造主要分为3部分：机械部分、照明部分和光学部分。

（一）机械部分

1.镜座

显微镜的底座，用以支持整个镜体。

2.镜柱

镜座上面直立的部分，用以连接镜座和镜臂。

3.镜臂

一端连于镜柱，一端连于镜筒，是取放显微镜时手握的部位。

4.镜筒

连在镜臂的前上方，镜筒上端装有目镜，下端装有物镜转换器。

5.物镜转换器（旋转器）

接于棱镜壳的下方，可自由转动，盘上有3～4个圆孔，是安装物镜的部位，转动转换器，可以调换不同倍数的物镜。当听到叩碰声时，方可进行观察，此时物镜光轴恰好对准通光孔中心，光路接通。

6.镜台（载物台）

在镜筒下方，形状有方、圆2种，用以放置玻片标本，中央有一通光孔，显微镜的镜台上装有玻片标本推进器（推片器），推进器左侧有弹簧夹，用以夹持玻片标本，镜台下有推进器调节轮，可使玻片标本做左右、前后方向的移动。

7.调节器

装在镜柱上的大小2种螺旋，调节时使镜台做上下方向的移动。

（1）粗调螺旋

大螺旋称为粗调螺旋，移动时可使镜台做快速和较大幅度的升降，所以能迅速调节物镜和标本之间的距离，使物像呈现于视野中，通常在使用低倍镜时，先用粗调螺旋迅速找到物像。

（2）细调螺旋

小螺旋称为细调螺旋，移动时可使镜台缓慢地升降，多在运用高倍镜时使用，从而得到更清晰的物像，并借以观察标本的不同层次和不同深度的结构。

（二）照明部分

照明部分装在镜台下方，包括反光镜和集光器。

1.反光镜

装在镜座上面，可向任意方向转动，它有平、凹2个面，其作用是将光源光线反射到聚光器上，再经通光孔照明标本。凹面镜聚光作用强，适于光线较弱的时候使用；平面镜聚光作用弱，适于光线较强时使用。

2.集光器（聚光器）

位于镜台下方的集光器架上，由聚光镜和光圈组成，其作用是把光线集中到所要观察的标本上。

（1）聚光镜

由一片或数片透镜组成，起汇聚光线的作用，加强对标本的照明，并使光线射入物镜内。镜柱旁有一调节螺旋，转动它可升降聚光器，以调节视野中光亮度的强弱。

（2）光圈（虹彩光圈）

在聚光镜下方，由十几张金属薄片组成，其外侧伸出一柄，推动它可调节其开孔的大小，以调节光量。

（三）光学部分

1.目镜

装在镜筒的上端，通常备有2～3个，上面刻有“5×”“10×”或“15×”符号以表示其放大倍数，一般装的是10×的目镜。

2.物镜

装在镜筒下端的旋转器上，一般有3～4个物镜，其中最短的刻有“10×”符号的为低倍镜，较长的刻有“40×”符号的为高倍镜，最长的刻有“100×”符号的为油镜。此外，在高倍镜和油镜上还常加有一圈不同颜色的线，以示区别。

在物镜上，还有镜口率（N.A.）的标志，它反映该镜头分辨力的大小，其数字越大，表示分辨率越高。

显微镜的放大倍数是物镜的放大倍数与目镜的放大倍数的乘积，如物镜为10×，目镜为10×，其放大倍数就为10×10=100。

二、细菌形态观察技术

（一）细菌的简单染色

细菌的细胞小而透明，在普通光学显微镜下不易识别，必须对它们进行染色，染色后的菌体与背景形成明显的色差，从而能清楚地观察到其形态和构造。

用于生物染色的染料主要有碱性染料、酸性染料和中性染料三大类。碱性染料的离子带正电荷，能和带负电荷的物质结合。因细菌蛋白质等电点较低，当它生长于中性、碱性或弱碱性的培养基中时常带负电荷，所以通常采用碱性染料（如亚甲蓝、结晶紫、碱性复红或孔雀绿等）使其着色。酸性染料的离子带负电荷，能与带正电荷的物质结合。当细菌分解糖类产酸使培养基pH值下降时，细菌所带正电荷增加，因此易被伊红、酸性复红或刚果红等酸性染料着色。中性染料是前两者的结合，又称复合染料，如伊红亚甲蓝和伊红天青等。

简单染色法即仅用一种染料使细菌着色。此法虽操作简便，但一般只能显示细菌形态，不能辨别其构造。

（二）细菌革兰氏染色鉴别

革兰氏染色反应是细菌分类和鉴定的重要性状。它是1884年由丹麦医师

Gram创立的。革兰氏染色法（Gram Stain）不仅能观察到细菌的形态，还可将所有细菌区分为两大类：染色反应呈蓝紫色的称为革兰氏阳性菌，用G^+表示；染色反应呈红色（复染颜色）的称为革兰氏阴性菌，用G^-表示。细菌对革兰氏染色的不同反应，是由于它们细胞壁的成分和结构不同而造成的。

通过结晶紫初染和碘液媒染后，在细胞壁内形成了不溶于水的结晶紫与碘的复合物。革兰氏阳性菌由于其细胞壁较厚、肽聚糖网层次较多且交联致密，故遇乙醇或丙酮脱色处理时，因失水反而使网孔缩小，再加上它不含类脂，故乙醇处理不会出现缝隙，因此能把结晶紫与碘复合物牢牢留在壁内，使其仍呈紫色。而革兰氏阴性菌因其细胞壁薄、外膜层类脂含量高、肽聚糖层薄且交联度差，在遇脱色剂后，以类脂为主的外膜迅速溶解，薄而松散的肽聚糖网不能阻挡结晶紫与碘复合物的溶出，因此通过乙醇脱色后仍呈无色，再经沙黄等红色染料复染，就使革兰氏阴性菌呈红色。

金黄色葡萄球菌、溶血性链球菌、产气荚膜梭菌、粪链球菌、炭疽杆菌等属革兰氏阳性菌。沙门氏菌、大肠杆菌、志贺氏菌、铜绿假单胞菌、霍乱弧菌均属革兰氏阴性菌。根据细菌的革兰氏染色性质，可以缩小鉴定范围，有利于进一步分离鉴定。

（三）细菌菌落形态鉴别

1.细菌菌落

单个或少数细菌（或其他微生物的细胞、孢子）接种到固体培养基表面，如果条件适宜，就会形成以母细胞为中心的体型较大的子细胞群体。这种由单个或少量细胞在固体培养基表面繁殖形成的、肉眼可见的子细胞群体称为菌落。

与菌落的概念不同，如果是许多细菌菌体接种在固体培养基上，经培养后长成密集的、不规则的片（块）状的细胞群体，则称为菌苔。

2.细菌菌落形态特征

因细菌较小，故形成的菌落一般也较小、较薄、较透明，并较“细腻”。不同的细菌常产生不同的色素，故会形成相应颜色的菌落。更重要的是，有的细菌具有某些特殊构造，于是形成特有的菌落形态特征。例如，有鞭毛的细菌常会形成大而扁平、边缘很不圆整的菌落，这在一些运动能力强的细菌，如变形杆菌中更为突出，有的菌种甚至会形成迁移性的菌落。一般无鞭毛的细菌，只形成形态较小、突起和边缘光滑的菌落。具有荚膜的细菌可形成黏稠、光滑、透明及呈鼻涕状的大型菌落。有芽孢的细菌，常因其芽孢与菌体细胞有不同的光折射率以及细胞呈链杆状排列，致使其菌落透明度较差，表面较粗糙，有时还有曲折的沟槽样外观等。此外，由于许多细菌在生长过程中会产生较多有机酸或蛋白质分解产物，因此，菌落常散发出一股酸败味或腐臭味。

第二节　酵母菌与霉菌鉴别技术

一、酵母菌鉴别技术

（一）酵母菌的形态鉴别

1.酵母菌形态

酵母菌是一群单细胞的真核微生物，其形态因种而异，通常为圆形、卵圆形或椭圆形，也有特殊形态，如柠檬形、三角形、藕节状、腊肠形、假菌丝等。一般酵母菌的细胞长5～30μm，宽1～5μm。繁殖方式也较复杂，无性繁殖方式主要是出芽生殖，仅裂殖酵母属以分裂方式繁殖；有性繁殖通过结合产生子囊孢子。

2.酵母菌菌落特征

酵母菌细胞比细菌大（直径大5～10倍），且不能运动，繁殖速度较快，一般形成较大、较厚和较透明的圆形菌落。酵母菌一般不产生色素，只有少数种类产生红色素，个别产生黑色素。假丝酵母菌的种类因形成藕节状的假菌丝，使菌落的边缘较快向外蔓延，因而会形成较扁平和边缘较不整齐的菌落。此外，由于酵母菌普遍生长在含糖量高的有机养料上并产生乙醇等代谢产物，故其菌落常伴有酒香味。

亚甲蓝是一种无毒性染料，它的氧化型是蓝色的，而还原型是无色的。用亚甲蓝来对酵母菌的活细胞进行染色，由于细胞中新陈代谢的作用，使细胞内具有较强的还原能力，能使亚甲蓝从蓝色的氧化型变为无色的还原型，所以酵母菌的活细胞无色。而对于死细胞或代谢缓慢的老细胞，则因它们无此还原能力或还原能力极弱，而被亚甲蓝染成蓝色或淡蓝色。

（二）酵母菌细胞数的测定

血细胞计数板是一种专门用于对较大单细胞微生物计数的仪器，由一块比普通载玻片厚的特制玻片制成，玻片中有4条下凹的槽，构成3个平台。中间的平台较宽，其中间又被一短横槽隔为两半，每半边上面刻有一个方格网。方格网上刻有9个大方格，其中只有中间的一个大方格为计数室。这个大方格的长度和宽度各为1mm，深度为0.1mm，其容积为0.1mm^3，即1mm×1mm×0.1mm的方格计数板；大方格的长度和宽度各为2mm，深度为0.1mm，其容积为0.4mm^3，即2mm×2mm×0.1mm的方格计数板。在血细胞计数板上，刻有一些符号和数字，其含义如下：XB—K—25为计数板的型号和规格，表示此计数板分25个中格：0.1mm为盖上盖玻片后计数室的高度；1/400mm^2表示计数室面积是1mm^2，分400个小格，每小格面积是1/400mm^2。

计数室通常也有两种规格：一种是16×25型，即大方格内分为16个中方格，每一个中方格又分为25个小方格；另一种是25×16型，即大方格内分为25个中方格，每一个中方格又分为16个小方格。但不管计数室是哪一种构造，它们都有一个共同的特点，即每一大方格都是由16×25=25×16=400个小方格组成。

1.16×25型的计数板

将16×25型的计数板的计数室放大，可见它含16个中方格，一般取四角1、4、13、16四个中方格（100个小方格）计数。将每一个中方格放大，可见25个小方格。计数重复3次，取其平均值。计数完毕后，依下列公式计算：

酵母细胞个数/mL=100个小方格细胞总数/100×400×10000×稀释倍数

2.25×16型的计数板

25×16型的计数板的中央大方格以双线等分成25个中方格，每个中方格又分成16个小方格，供细胞计数用。一般计数4个角和中央的5个中方格（80个小方格）的细胞数。计数重复3次，取其平均值。计数完毕后，依下列公式计算：

酵母细胞个数/mL=80个小方格细胞总数/80×400×10000×稀释倍数

（三）酵母菌大小测定技术

微生物细胞个体较小，需要在显微镜下借助于特殊的测量工具——测微尺来测定其大小。测微尺包括镜台测微尺和接目测微尺。

镜台测微尺是一张中央部分刻有精确等分线的载玻片，专门用于校定接目测微尺每小格的相对长度。通常，刻度的总长是1mm，等分为100格，每格0.01mm（10）。镜台测微尺不直接用来测量细胞的大小。

接目测微尺是一块可以放入接目镜的圆形小玻片，其中央有精确的等分刻度，等分为50小格和100小格2种。在测量时将接目测微尺放在目镜的隔板上，即可测量经显微镜放大后的细胞物像。也有专用的目镜，里面已经安放好接目测微尺。

由于接目测微尺所测量的是经显微镜放大后的细胞物像，因此，不同的显微镜或不同的目镜和物镜组合的放大倍数不同，接目测微尺每一小格所代表的实际长度也不一样。所以，在用接目测微尺测量微生物大小之前，必须先用镜台测微尺校定接目测微尺，以确定该显微镜在特定放大倍数的目镜和物镜下，接目测微尺每一小格所代表的实际长度，然后根据微生物细胞相当于的接目测微尺格数，计算出微生物细胞的实际大小。

二、霉菌鉴别技术

（一）菌丝和菌丝体

霉菌（mold）是一些“丝状真菌”的统称。菌丝是由细胞壁包被的一种管状细丝，大都无色透明，宽度一般为3～10mm，比细菌的宽度大几倍到几十倍。菌丝有分枝，分枝的菌丝相互交错而成的群体称为菌丝体。霉菌的菌丝分有膈膜菌丝和无膈膜菌丝两种类型。

1.有膈膜菌丝

菌丝中有横膈膜将菌丝分隔成多个细胞，在菌丝生长过程中，细胞核的分裂伴随着细胞的分裂，每个细胞含有1个至多个细胞核。不同霉菌菌丝中的横膈膜的结构不一样，有的为单孔式，有的为多孔式，还有的为复式。但无论哪种类型的横膈膜，都能让相邻2个细胞内的物质相通。

2.无膈膜菌丝

菌丝中没有横膈膜，整个菌丝就是一个单细胞，菌丝内有许多核。在菌丝生长过程中只有核的分裂和原生质量的增加，没有细胞数目的增多。

（二）菌丝的特异化

1.假根

假根是根霉属（rhizopus）真菌的匍匐枝与基质接触处分化形成的根状菌丝。在显微镜下假根的颜色比其他菌丝要深，它起固着和吸收营养的作用。

2.吸器

吸器是某些寄生性真菌从菌丝上产生出来的旁枝，侵入寄主细胞内形成指状、球状或丛枝状结构，用以吸收寄主细胞中的养料。

3.菌核

菌核是由菌丝团组成的一种硬的休眠体，一般有暗色的外皮，在条件适宜时可以生出分生孢子梗、菌丝子实体等。

4.子实体

子实体是由真菌的营养菌丝和生殖菌丝缠结而成的具有一定形状的产孢结构，如伞菌的子实体呈伞状。

（三）霉菌的菌落特征

霉菌的菌落是由分枝状菌丝体组成的，由于菌丝较粗而长，形成的菌落比较疏松，常呈现绒毛状、絮状或蜘蛛网状。有些霉菌，如根霉、毛霉、链孢霉的菌丝生长很快，在固体培养基表面蔓延，以致菌落没有固定的大小。如果在固体食品发酵的过程中污染了这一类霉菌，且没有及时采取措施，往往会造成严重的经济损失。也有不少种类的霉菌，其生长有一定的局限性，如青霉和曲霉。菌落表面常呈现肉眼可见的不同的结构和色泽特征，这是因为霉菌形成的孢子有不同的形状、构造和颜色。有的霉菌产生的水溶性色素可分泌到培养基中，使菌落背面呈现不同的颜色。一些生长较快的霉菌菌落，其菌丝生长向外扩展，所以菌落中部菌丝的菌龄较大，而菌落边缘的菌丝是最幼嫩的。同一种霉菌，在不同成分的培养基上形成的菌落特征可能有变化，但在一定的培养基上形成的菌落大小、形状、颜色等比较一致。因此，菌落特征也是霉菌鉴定的主要依据之一。

第三节 细菌典型生理生化鉴定技术

一、实验原理

（一）细菌生化试验

各种细菌所具有的酶系统不尽相同，对营养基质的分解能力也不一样，因而代谢产物或多或少地各有区别，可供鉴别细菌之用。用生化试验的方法检测细菌对各种基质的代谢作用及其代谢产物，从而鉴别细菌的种属，称之为细菌的生化反应。

（二）糖（醇）类发酵试验

不同的细菌含有发酵不同糖（醇）的酶，因而发酵糖（醇）的能力各不相同。其产生的代谢产物亦不相同，如有的产酸产气，有的产酸不产气。酸的产生可利用指示剂来判定。在配制培养基时预先加入溴甲酚紫[pH6.2（黄色）~pH6.8（紫色）]，当发酵产酸时，可使培养基由紫色变为黄色。气体产生可由发酵管中倒置的杜氏小管中有无气泡来证明。

（三）甲基红（Methylr Red）试验（MR试验）

很多细菌，如大肠杆菌等分解葡萄糖产生丙酮酸，丙酮酸再被分解，产生甲酸、乙酸、乳酸等，使培养基的pH值降低到4.2以下，这时若加甲基红指示剂，呈现红色。因甲基红指示剂变色范围是pH4.4（红色）~pH6.2（黄色）。若某些细菌如产气杆菌，分解葡萄糖产生丙酮酸，但很快将丙酮酸脱羧，转化成醇等物，则培养基的pH值仍在6.2以上，故此时加入甲基红指示剂，呈现黄色。

（四）大分子物质代谢实验

1.靛基质试验

某些细菌，如大肠杆菌，能分解蛋白质中的色氨酸，产生靛基质（吲哚），靛基质与对二甲基氨基苯甲醛结合，形成玫瑰色靛基质（红色化合物）。

2.硫化氢试验

某些细菌能分解含硫的氨基酸（肌氨酸、半肌氨酸等），产生硫化氢，硫化氢与培养基中的铅盐或铁盐，形成黑色沉淀硫化铅或硫化铁，为硫化氢试验阳性，可借以鉴别细菌。

3.明胶液化实验

某些细菌具有胶原酶，使明胶被分解，失去凝固能力，呈现液体状态，是为阳性。淀粉水解试验（在紫外诱变中做，本实验不做）

细菌不能直接利用大分子的淀粉，须靠产生的胞外酶（淀粉酶）将淀粉水解为小分子糊精或进一步水解为葡萄糖（或麦芽糖），再被细菌吸收利用，细菌水解淀粉的过程可通过底物的变化来证明，即用碘测定不再产生蓝色。

（五）柠檬酸盐利用试验

柠檬酸盐培养基系一综合性培养基，其中柠檬酸钠为碳的唯一来源。而磷酸二氢铝是氮的唯一来源。有的细菌如产气杆菌，能利用柠檬酸钠为碳源，因此能在柠檬酸盐培养基上生长，并分解柠檬酸盐后产生碳酸盐，使培养基变为碱性。此时培养基中的溴麝香草酚蓝指示剂由绿色变为深蓝色。不能利用柠檬酸盐为碳源的细菌，在该培养基上不生长，培养基不变色。

二、实验仪器、材料和用具

（一）实验仪器

37℃恒温培养箱、20℃恒温培养箱（室温代替）。

（二）微生物材料

大肠杆菌、变形杆菌、枯草杆菌、产气杆菌这四种菌种的斜面各1支。

（三）试剂

甲基红试剂、VP试剂、叫噪试剂、格里斯试剂（硝酸盐利用试验）、卢戈氏碘液（淀粉水解试验）。

（四）实验用具

试管：每份每个试验2根试验、1根对照，8个试验共27根。

无菌平皿：每份2个。

杜氏小管：每份6个。

接种环、酒精灯、试管架、记号笔。

（五）培养基

葡萄糖发酵培养基和乳糖发酵培养基：每份各6支试管，每支5～10mL培养基，灭菌。用于糖类发酵试验。

1.葡萄糖蛋白胨水培养基

每份3支试管，每支5～10mL培养基，灭菌。用于甲基红和VP试验。

2.胰蛋白水培养基

每份3支5～10mL培养基，灭菌。用于吲哚试验。

3.柠檬酸铁铵或醋酸铅的半固体培养基

每份3支，每支5～10mL培养基，灭菌。用于硫化氢试验。

4.营养明胶培养基

每份3支，每支5～10mL培养基，灭菌。用于明胶液化试验。

5.淀粉培养基

每份2个平皿，每平皿约20mL培养基，灭菌后倒入平皿。用于淀粉水解试验。

6.柠檬酸钠培养基

每份3支，每支5～10mL培养基，灭菌，做斜面。用于柠檬酸盐利用试验。

三、实验步骤

（一）糖（醇）类发酵试验

编号在各试管上分别标明发酵培养基名称，所接种的菌名和组号，下同。

接种取葡萄糖发酵培养基3支，按编号1支接种大肠杆菌，另1支接种普通变形杆菌，第3支不接种，作为对照，同样取3支乳糖发酵培养基，1支接种大肠杆菌，1支接种普通变形杆菌，第3支不接种，作为对照。

将已接种好的培养基置37℃温箱中培养24h。

观察结果：被检细菌若能发酵培养基中的糖时，则使培养基的pH值降低，这时培养基中的指示剂呈酸性反应（为黄色），若发酵培养基中的糖产酸产气，则培养基不仅显酸性反应，并且在培养基中倒置的小玻璃管（杜氏小管）中有气体。气体占整个倒置小玻管的10%以上。若被检细菌不分解培养基中的糖，则培养基不发生变化。

（二）甲基红试验（MR试验）

将大肠杆菌和产气杆菌分别接种到葡萄糖蛋白胨水培养基中，37℃培养48h，加甲基红指示剂数滴，观察结果，呈现红色者为阳性，呈现黄色者为阴性。

（三）伏—普二氏试验（VP试验）

将被检菌接种到葡萄糖蛋白胨水培养基中，37℃培养48h，取出，加入40% KOlls10滴，然后再加入等量的5%萘酚溶液，用力振荡，再放入37℃温箱中保温15～30min，以加快反应速度。若培养物呈现红色，为伏—普反应阳性。

（四）靛基质（吲哚）试验

将被检菌接种到胰蛋白胨水培养基中，37℃培养24～48h后，沿试管壁滴加数滴吲哚试剂于培养物液面，观察结果。

出现红色者为阳性，出现黄色者为阴性。

（五）硫化氢试验

将大肠杆菌和变形杆菌以接种针穿刺接种到醋酸铅或柠檬酸铁铵培养基中，37℃培养24h，观察结果，若有黑色出现者为阳性。

（六）明胶液化试验

取大肠杆菌和枯草杆菌的纯培养物少许，以接种针分别穿刺接种到营养明胶培养基中，置20℃培养5～7d。观察明胶培养基液化情况。若被检细菌20℃不易生长，可放37℃培养，但在此温度下明胶培养基呈液状，故观察结果时，应将明胶培养基轻轻放入4℃冰箱30min，此时明胶再次凝固。若放置于冰箱30min 仍不凝固者，说明明胶被试验细菌液化，是为阳性。

（七）淀粉水解试验

将配制好的淀粉培养基冷却到50℃左右，以无菌操作制成平板。

用接种环取少许枯草杆菌画线接种在平板的一边，再取少许大肠杆菌画线接种在平板的另一边。置37℃温箱培养24h。

将平皿取出，打开皿盖，滴加少量卢戈氏碘液于平板上，轻轻摇动平皿，使碘液均匀铺满整个平板。如菌苔周围有无色透明圈出现，说明淀粉已被水解。透明圈的大小，说明该菌水解淀粉能力的大小。

（八）柠檬酸盐利用试验

取少量被检菌接种到柠檬酸盐培养基上，37℃培养24h后，观察结果。培养基变深蓝色者为阳性。培养基不变色，则继续培养7d，培养基仍不变色者为阴性。

第四节　培养基制作技术

一、培养基的定义

培养基是人工配制的适合于不同微生物生长繁殖或积累代谢产物的营养基质。它是进行科学研究、发酵生产微生物制品等的基础。

二、配制培养基的基本原则

配制微生物培养基时，主要考虑以下几个因素。

（一）符合微生物的营养特点

不同的微生物对营养有着不同的要求，所以在配制培养基时，首先要明确培养基的用途，如用于培养何种微生物，培养的目的如何，是培养菌种还是用于发酵生产，发酵生产的目的是获得大量菌体还是获得次级代谢产物等，根据不同的菌种及不同的培养目的确定营养成分及比例。

营养成分的要求主要是指碳素和氮素的性质，如果是自养型的微生物，则主要考虑无机碳源物质，如果是异养型的微生物，主要有机碳源物质；除碳源物质外，还要考虑加入适量的无机矿物质元素；有些微生物菌种在培养时还要求加入一定的生长因子，如很多乳酸菌在培养时，要求在培养基中加入一些氨基酸和维生素等才能很好地生长。

除营养物质要求外，还要考虑营养成分的比例适当，其中碳素营养与氮素营养的比例很重要。C/N是指培养基中所含C原子的摩尔浓度与N原子的摩尔浓度之比。不同的微生物要求不同的C/N，同一菌种，在不同的生长时期对C/N也有不同的要求。一般C/N在配制发酵生产用培养基时，要求比较严格，C/N对发酵产物的积累影响很大。一般在发酵工业上，对于发酵用种子的培养，培养基的营养越丰富越好，尤其是N源要丰富，而对以积累次级代谢产物为发酵目的的发酵培养基，则要求提高C/N值，提高C素营养物质的含量。

（二）适宜的理化条件

除营养成分外，培养基的理化条件也直接影响微生物的生长和正常代谢。

1.pH值

微生物一般都有它们适宜生长的pH值范围，细菌的最适pH值一般为7～8，放线菌要求pH值为7.5～8.5，酵母菌要求pH值为3.8～6.0，霉菌的适宜pH值为4.0～5.8。

由于微生物在代谢过程中不断地向培养基中分泌代谢产物，从而影响培养基的pH值变化。对于大多数微生物来说，主要产生酸性产物，所以在培养过程中常引起pH值下降，影响微生物的生长繁殖速度。为了尽可能地减缓培养过程中pH值的变化，在配制培养基时，要加入一定量的缓冲物质来调节培养基的pH值。常用的缓冲物质主要有以下两类。

（1）磷酸盐类

以缓冲液的形式发挥作用，通过磷酸盐的不同程度的解离，对培养基pH值的变化起到缓冲作用。

（2）碳酸钙

以“备用碱”的方式发挥缓冲作用。碳酸钙在中性条件下的溶解度极低，加入培养基后，由于其在中性条件下几乎不解离，所以不影响培养基pH值的变化。当微生物生长，培养基的pH值下降时，碳酸钙就不断地解离，游离出碳酸根离子，碳酸根离子不稳定，与氢离子形成碳酸，最后释放出二氧化碳，在一定程度上缓解了培养基pH值的降低。

2.渗透压

由于微生物细胞膜是半透膜，外有细胞壁起到机械性保护作用，故要求其生长的培养基具有一定的渗透压。当环境中的渗透压低于细胞原生质的渗透压时，就会出现细胞膨胀，轻者影响细胞的正常代谢，重者出现细胞破裂。当环境渗透压高于原生质的渗透压时，会导致细胞皱缩，细胞膜与细胞壁分开，即所谓质壁分离现象。只有等渗条件最适宜微生物的生长。

（三）经济节约

配制培养基时，应尽量利用廉价并且易于获得的原料作为培养基的成分。特别是在工业发酵中，培养基用量很大，更应该考虑这一点，以便降低产品成本。

三、培养基的分类

（一）根据营养成分的来源划分

1.天然培养基

天然培养基是利用一些天然的动植物组织器官和抽提物，如牛肉膏、蛋白胨、麸皮、马铃薯、玉米浆等制成的。优点是取材广泛，营养全面而丰富，制备方便，价格低廉，适用于大规模培养微生物。缺点是成分复杂，每批成分不稳定。实验室常用的牛肉膏蛋白胨培养基便是这种类型。

2.合成培养基

合成培养基是利用已知成分和数量的化学物质配制而成的。此类培养基成分精确，重复性强，一般用于实验室进行营养代谢、分类鉴定和选育菌种等工作。其缺点是配制较复杂，微生物在此类培养基上生长缓慢，加上价格较贵，不宜用于大规模生产，如实验室常用的高氏1号培养基、察氏培养基。

3.半合成培养基

半合成培养基是用一部分天然物质作为碳、氮源及生长辅助物质，又适当补充少量无机盐类配制而成的，如实验室常用的马铃薯蔗糖培养基。半合成培养基应用最广，能使绝大多数微生物良好地生长。

（二）根据物理状态划分

1.液体培养基

液体培养基是把各种营养物质溶解于水中，混合制成水溶液，调节适宜的pH值，成为液体状态的培养基质。该培养基有利于微生物的生长和积累代谢产物，常用于大规模工业化生产、观察微生物生长特征及研究生理生化特性。

2.固体培养基

一般采用天然固体营养物质，如马铃薯块、麸皮等作为培养微生物的营养基质，也有在液体培养基中加入一定量的凝固剂，如琼脂（1.5%～2.0%）、明胶等，煮沸冷却后，使其凝成固体状态。固体培养基常用来观察、鉴定和分离纯化微生物。

3.半固体培养基

加入少量凝固剂（0.5%～0.8%的琼脂）则成半固体状态的培养基称为半固体培养基，常用来观察细菌的运动、鉴定菌种噬菌体的效价滴定和保存菌种。

（三）根据用途划分

1.加富培养基

根据培养菌种的生理特性加入有利于该种微生物生长繁殖所需要的营养物质，该种微生物则会旺盛地大量生长，如加入血、血清、动植物组织提取液等用以培养要求比较苛刻的异养微生物。加富培养基主要用于菌种的保存或用于菌种的分离筛选。

2.选择培养基

选择培养基是根据某种或某一类微生物特殊的营养要求配制而成的培养基，如纤维素选择培养基。还有在培养基中加入对某种微生物有抑制作用，而对所需培养菌种无影响的物质，从而使该种培养基对某种微生物有严格的选择作用，如SS琼脂培养基，由于加入胆盐等抑制剂，对沙门氏菌等肠道致病菌无抑制作用，而对其他肠道细菌有抑制作用。

3.鉴别培养基

鉴别培养基是指根据微生物的代谢特点通过指示剂的显色反应用以鉴定不同微生物的培养基。如远滕氏培养基中的亚硫酸钠能使指示剂复红醌式结构还原变浅，但由于大肠杆菌生长分解乳糖，产生的乙醛可使复红醌式结构恢复，从而使菌落中的指示剂复红，重新呈现带金属光泽的红色，因而可同其他微生物区别开来。

第五节　消毒与灭菌技术

一、玻璃器皿的灭菌

高压蒸汽灭菌法是微生物学研究和教学中应用最广、效果最好的湿热灭菌方法。

（一）灭菌原理

高压蒸汽灭菌是在密闭的高压蒸汽灭菌器（锅）中进行的，其原理是：将待灭菌的物体放置在盛有适量水的高压蒸汽灭菌锅内。把锅内的水加热煮沸，并把其中原有的冷空气彻底驱尽后将锅密闭。再继续加热就会使锅内的蒸气压逐渐上升，为达到良好的灭菌效果，一般要求温度应达到121℃（压力为0.1MPa），维持15～30min，也可采用在较低的温度（115℃，即0.075MPa）下维持35min的方法。

在使用高压蒸汽灭菌器（锅）进行灭菌时，蒸汽灭菌器内冷空气是否完全排除极为重要。因为空气的膨胀压大于水蒸气的膨胀压，所以当水蒸气中含有空气时，压力表所表示的压力是水蒸气压力和部分空气压力的总和，而不是水蒸气的实际压力，它所相当的温度与高压蒸汽灭菌器内的温度是不一致的。这是因为在同一压力下含空气的蒸汽的实际温度低于饱和蒸汽。

如不将灭菌器（锅）中的空气排除干净，则实际温度达不到灭菌所需的温度。因此，必须将灭菌器（锅）内的冷空气完全排除，才能达到完全灭菌的目的。

在空气完全排除的情况下，一般培养基只需在0.1MPa下灭菌30min即可。但对某些体积较大或蒸汽不易穿透的灭菌物品，如固体曲料、土壤和草炭等，则应适当延长灭菌时间，或在蒸汽压力升到0.15MPa后保持1～2h。

（二）灭菌设备

高压蒸汽灭菌的主要设备是高压蒸汽灭菌锅，有立式、卧式及手提式等不同类型。实验室中以手提式最为常用。卧式灭菌锅常用于大批量物品的灭菌。不同类型的灭菌锅，虽大小、外形各异，但其主要结构基本相同。

高压蒸汽灭菌锅的基本构造如下。

（1）外锅。或称“套层”，供贮存蒸汽用，连有用电加热的蒸汽发生器，并有水位玻璃管以标示盛水量。外锅的外侧一般包有石棉或玻璃棉绝缘层以防止散热。如直接使用由锅炉接入的高压蒸汽，则外锅在使用时充满蒸汽，作内锅保温之用。

（2）内锅。或称灭菌室，是放置灭菌物的空间，可配制铁箅子以分放灭菌物品。

（3）压力表。内外锅各装一只，老式的压力表上标明3种单位，即千克压力单位（kg/cm^2）、英制压力单位（$1b/in^2$，$11b/in^2=6.895kPa$）和温度单位（℃），以便于灭菌时参照。现在的压力表单位常用MPa。

（4）温度计。可分为两种，一种是直接插入式的水银温度计，装在密闭的铜管内，焊插在内锅中；另一种是感应式仪表温度计，其感应部分安装在内锅的排气管内，仪表安装于锅外顶部，便于观察。

（5）排气阀。一般外锅、内锅各一个，用于排除空气。新型的灭菌器多在排气阀外装有汽液分离器（或称疏水阀），内有由膨胀盒控制的活塞。通过控制空气、冷凝水与蒸汽之间的开关，在灭菌过程中，可不断地自动排出空气和冷凝水。

（6）安全阀。或称保险阀，利用可调弹簧控制活塞，超过额定压力即自动放气减压。通常调在额定压力之下，略高于使用压力。安全阀只供超压时用于安全报警，不可在保温时用作自动减压装置。

（7）热源。除直接引入锅炉蒸汽灭菌外，都具有加热装置。近年来的产品以电热为主，即底部装有调控电热管，使用比较方便。有些产品无电热装置，则会附有打气煤油炉等。手提式灭菌器也可用煤炉作为热源。

二、尿素溶液的过滤除菌

控制液体中微生物的群体，可以通过将微生物从液体中移走而不是用杀死的方法来实现。通常所采用的做法是过滤除菌，即使用一些特殊的“筛子”（其筛孔直径比菌体更小），在液体通过“筛子”时，使微生物与液体分离。早年曾将硅藻土等料装入玻璃柱中，当液体流过柱子时，菌体因其所带的静电荷而被吸附在多孔的材料上，但现今已基本为膜滤器所替代。

膜滤器采用微孔滤膜作为材料，它通常由硝酸纤维素制成，可根据需要使之具有0.025～25不同大小的特定孔径。当含有微生物的液体通过孔径为0.2的微孔滤膜时，大于滤膜孔径的细菌等微生物不能穿过滤膜而被阻拦在膜上，与通过的滤液分离开来。微孔滤膜具有孔径小、价格低、可高压灭菌、滤速快及可处理大容量液体等优点。

过滤除菌可用于对热敏感的液体的除菌，如含有酶或维生素的溶液、血清等。有些物质即使加热温度很低也会失活，而有些物质经辐射处理会造成损伤，此时，过滤除菌就成了唯一的可供选择的灭菌方法。过滤除菌还可用于啤酒生产中代替巴斯德消毒。

使用0.22孔径的滤膜，虽然可以滤除溶液中存在的细菌，但病毒或支原体等仍可通过。必要时需使用小于0.22孔径的滤膜，但滤孔容易阻塞。

三、无菌室的消毒杀菌

紫外线的波长范围是15～300nm，其中波长在260nm左右的紫外线杀菌作用最强，紫外线灯是人工制造的低压水银灯，能辐射出波长主要为253.7nm的紫外线，杀菌能力强而且稳定。紫外线具有杀菌作用是因为它可以被蛋白质（波长为280nm）和核酸（波长为260nm）吸收，造成这些分子的变性失活。例如，核酸中的胸腺嘧啶吸收紫外线后，可以形成二聚体，导致DNA合成和转录过程中遗传密码阅读错误，引起致死突变。另外，空气在紫外线辐射下产生的臭氧（O_3）也有一定的杀菌作用，水在紫外线辐射下被氧化生成的过氧化氢（H_2O_2和$H_2O_2 \cdot O_3$）也有杀菌作用。紫外线穿透能力很差，不能穿过玻璃、衣物、纸张或大多数其他物体，但能够穿透空气，因而可以用于物体表面或室内空气的杀菌处理，在微生物学研究及生产实践中应用较广。紫外灯的功率越大，效能越高。

紫外线的灭菌作用随其剂量的增加而加强，剂量是照射强度与照射时间的乘积。如果紫外灯的功率和照射距离不变，可以用照射的时间表示相对剂量。紫外线对不同的微生物有不同的致死剂量。根据照射定律，照度与光源的光强成正比，而与距离的二次方成反比。在固定光源的情况下，被照物体越远，效果越差，因此，应根据被照面积、距离等因素安装紫外灯。在一般实验室、接种室、接种箱、手术室和药厂包装室等，均可利用紫外灯杀菌。以普通小型接种室为例，其面积若按$10m^2$计算，在工作台下方距地面2m处悬挂1只或2只30W紫外灯，每次开灯照射30min，就能使室内空气灭菌。照射前，适量喷洒苯酚或煤酚皂溶液等消毒剂，可加强灭菌效果。紫外线对眼黏膜及视神经有损伤作用，对皮肤有刺激作用，所以应避免在紫外灯下工作，必要时须穿防护工作衣帽，并戴有色眼镜进行工作。

某些化学药剂可以抑制或杀死微生物，因而用于控制微生物的生长。依据作用性质，可将化学药剂分为杀菌剂和抑菌剂。杀菌剂是能破坏细菌代谢机能，并有致死作用的化学药剂，如重金属离子和某些强氧化剂等。抑菌剂并不破坏细菌的原生质，而只是阻抑新细胞物质的合成，使细菌不能增殖，如磺胺类及抗生素等。化学杀菌剂主要用于抑制或杀灭物体表面、器械、排泄物和周围环境中的微生物。抑菌剂常用于机体表面，如皮肤、黏膜、伤口等处防止感染，有的也用于食品、饮料、药品的防腐。杀菌剂和抑菌剂之间的界限有时并不很严格，如高浓度的苯酚（3%～5%）用于器皿表面消毒杀菌，而低浓度的苯酚（0.5%）则用于生物制品的防腐抑菌。理想的化学杀菌剂和抑菌剂应当作用快、效力高，但对组织损伤小，穿透性强且腐蚀小，配制方便且稳定，价格低廉易生产，并且无异味。但真正完全符合上述要求的化学药剂很少，因此要根据具体需要，尽可能选择那些具有较多优良性状的化学药剂。此外，微生物种类、化学药剂处理微生物的时间长短、温度高低以及微生物所处环境等，都影响着化学药剂杀菌或抑菌的能力和效果。微生物实验室中常用的化学杀菌剂有升汞（$HgCl_2$）、甲醛、高锰酸钾、乙醇、碘酒、龙胆紫、苯酚、煤粉皂溶液、漂白粉、氧化乙烯、丙酸内酯、过氧乙酸、新洁尔灭等。

第六节　微生物分离纯化技术

微生物的分离纯化技术是微生物学研究的基础和前提，通过这一技术可以获得纯种微生物，从而深入了解微生物的生物学特性、代谢途径和生态环境等方面。本文将从分离纯化技术的原理、方法和应用等方面进行阐述。

一、分离纯化技术的原理

微生物的分离纯化技术基于微生物的生长特性和形态学特征，通过选用适当的培养基、培养条件，利用微生物在生长和代谢方面的差异，将不同种类的微生物分离开来，并进行纯化。

微生物的分离纯化技术主要包括传统的菌落计数法和液体培养法，以及现代的分子生物学方法。其中，菌落计数法是利用微生物的不同形态和生长速率，在固体培养基上培养微生物，通过菌落形态、颜色和大小等特征进行初步筛选，然后进行进一步的分离和纯化。液体培养法则是利用液态培养基中微生物的生长特性进行分离和纯化，包括常规的振荡培养法、滤液法和离心分离法等。分子生物学方法主要包括PCR、Southern blotting、Northern blotting、Western blotting和DNA序列技术等，可以通过分子水平上的特异性检测和分析，实现微生物的分离和纯化。

二、分离纯化技术的方法

（一）菌落计数法

菌落计数法是最常用的分离纯化技术，主要步骤包括样品采集、分离、筛选和纯化。具体方法如下。

（1）样品采集。选择适当的样品，如土壤、水体、食品、动植物组织等，按照一定比例加入固体培养基中。

（2）分离。将培养基样品在适当的温度和湿度条件下进行培养，待细菌生长形成菌落后，进行分离。

（3）筛选。根据菌落的形态、颜色和大小等特征进行初步筛选。

（4）纯化。将筛选后的菌落进行传代培养，直至获得纯种菌株。

（二）液体培养法

液体培养法主要包括振荡培养法、滤液法和离心分离法等，具体方法如下。

（1）振荡培养法。将微生物样品加入液态培养基中，利用培养器或振荡器进行连续振荡，使微生物均匀地分布在培养基中，从而进行分离和纯化。

（2）滤液法。将微生物样品加入过滤器中，根据微生物的大小和形态特征进行筛选和分离，再进行纯化。

（3）离心分离法。将微生物样品加入离心管中，通过离心分离微生物，根据离心速度和时间的不同，实现微生物的分离和纯化。

三、分离纯化技术的应用

微生物的分离纯化技术在微生物学研究、药物开发、食品工业等领域具有广泛的应用。主要包括以下几个方面。

（一）微生物学研究

通过分离纯化技术获取微生物纯种，可以深入了解微生物的生物学特性、代谢途径和生态环境等方面，为微生物学研究提供重要的基础数据。

（二）药物开发

利用微生物的代谢产物进行药物开发和生产，需要获得高纯度的微生物菌株，以保证药物的质量和效果。

（三）食品工业

微生物的分离纯化技术可以用于食品工业中的微生物发酵和生产，如酸奶、干酪、啤酒等。

微生物的分离纯化技术在微生物学研究、药物开发、食品工业等领域具有重要的应用价值。随着科学技术的不断发展，分离纯化技术也将不断更新和完善，为微生物学和相关领域的研究提供更加准确、高效和可靠的技术支持。

第七节　细菌、霉菌接种技术

一、常用的接种方法

（一）划线接种

划线接种是最常用的接种方法。划线接种即在固体培养基表面做来回直线形的移动，就可达到接种的目的。常用的接种工具有接种环、接种针等。在斜面接种和平板划线中就常用此法。

（二）三点接种

在研究霉菌形态时常用此法。此法是把少量的微生物接种在平板表面上呈等边三角形的三点，然后让它们各自独立形成菌落后，观察、研究它们的形态。除三点外，也有一点或多点进行接种的。

（三）穿刺接种

在保藏厌氧菌种或研究微生物的动力时常采用此法。做穿刺接种时，使用的接种工具是接种针。采用的培养基一般是半固体培养基。它的做法是：用接种针蘸取少量的菌种，沿半固体培养基中心向管底做直线穿刺，如某细菌具有鞭毛而能运动，则在穿刺线周围能够生长。

（四）浇混接种

浇混接种法是将待接的微生物先放入培养皿中，然后倒入冷却至45℃左右的固体培养基，迅速轻轻摇匀，这样菌液就得以稀释。待平板凝固之后，置合适温度下培养，就可长出单个的微生物菌落。

（五）涂布接种

与浇混接种不同的是，先倒好平板，让其凝固，然后将菌液倒入平板上面，迅速用涂布棒在表面左右来回地涂布，让菌液均匀分布，就可长出单个的微生物菌落。

（六）液体接种

从固体培养基中将菌洗下，倒入液体培养基中，或者从液体培养基中用移液管将菌液接至液体培养基中，或从液体培养基中将菌液移至固体培养基中，都可称为液体接种。

（七）注射接种

注射接种法是用注射的方法将待接的微生物转接至活的生物体内，如人或其他动物中。常见的疫苗预防接种，就是用注射接种植入人体，来预防某些疾病。

（八）活体接种

活体接种是专门用于培养病毒或其他病原微生物的一种方法，因为病毒必须接种于活的生物体内才能生长繁殖。所用的活体可以是整个动物；也可以是某个离体活组织，如猴肾等；还可以是发育的鸡胚。接种的方式可以是注射，也可以是拌料喂养。

二、无菌操作

培养基经高压灭菌后，用经过灭菌的工具（如接种针和吸管等）在无菌条件下接种含菌材料（如样品、菌苔或菌悬液等）于培养基上，这个过程称为无菌接种操作。在实验室检验中的各种接种必须是无菌操作。

不论实验台面是什么材料，一律要求光滑、水平。台面光滑，则便于用消毒剂擦洗；台面水平，则倒琼脂培养基时利于培养皿内平板的厚度保持一致。在实验台上方，空气流动应缓慢，杂菌应尽量少，其周围杂菌也应越少越好。为此，必须定期清扫室内，清扫时应关闭实验室的门窗，并用消毒剂进行空气消毒处理，尽可能地减少杂菌的数量。

空气中的杂菌在气流小的情况下会随着灰尘落下，所以接种时打开培养皿的时间应尽量短。用于接种的器具必须经干热或火焰等方式灭菌。接种环的火焰灭菌方法：将接种环在火焰上充分烧红（一边转动接种柄，一边使接种环慢慢地来回通过火焰3次），冷却，先接触一下培养基，待接种环冷却到室温后，方可用它来挑取含菌材料或菌体，并迅速地接种到新的培养基上。然后，将接种环从柄部至环端逐渐通过火焰灭菌，复原。不要直接烧环，以免残留在接种环上的菌体爆溅而污染周围空间。采用平板接种时，通常把平板的面倾斜，然后把培养皿的盖打开一条缝进行接种。在向培养皿内倒培养基或接种时，试管口或瓶壁外面不要接触皿底边，试管或瓶口应倾斜一下从火焰上通过。

第四章　现代质量管理概述

第一节　质量及质量管理的概念

一、质量概述

（一）质量的定义

在生产发展的不同历史时期，人们对质量的理解随着科学技术的发展和社会经济的变化而有所变化。自从美国贝尔电话研究所的统计学家休哈特（W.A.Shewhart）博士于1924年首次提出将统计学应用于质量控制以来，质量管理的思想和方法得到了丰富与发展。一种新的质量管理思想和质量管理方式的提出，通常伴随的是对质量概念的重新理解和定义，美国质量管理专家朱兰（Joseph H.Juran）博士把产品质量定义为："质量就是使用性。"克劳斯比（Philip Crosby）则把产品质量定义为：产品符合规定要求的程度。现代管理科学对于质量的定义涵盖了产品的"适应性"和符合"规定性"两方面的内容。

随着ISO 9000标准在企业的广泛应用，ISO 9000关于质量的定义逐渐为越来越多的人所接受。ISO 9000系列国际标准（2000版）中关于质量的定义是："质量（Quality）是一组固有特性满足要求的程度。""要求"是指"明示的、通常隐含的或必须满足的需求或期望"。上述定义可以从以下几个方面去理解。

（1）质量不仅是指产品质量，也可以是某项活动或过程的工作质量，还可以是质量管理体系运行的质量。质量是由一组固有特性组成，这些固有特性是指满足顾客和其他相关方的要求的特性，并由其满足要求的程度加以表征。

（2）特性是指区分的特征。特性可以是固有的或赋予的，可以是定性的或定量的。质量特性是固有的特性，并通过产品、过程或体系设计和开发及其后的实现过程形成的属性。满足要求就是应满足明示的（如合同、规范、标准、技术、文件、图纸中明确规定的）、通常隐含的（如组织的惯例、一般习惯）或必须满足的（如法律法规、行业规则）需求和期望。顾客和其他相关方对产品、过程或体系的质量要求是动态的、发展的和相对的。

（二）质量的特性

在质量的定义中，所指的“固有的”（其反义是“赋予的”）特性是指在某事或某物中本来就有的，尤其是那种永久的特性，包括产品的适用性、可信性、经济性、美观性和安全性等。

1.适用性

适用性是指产品适合使用的特性，包括使用性能、辅助性能和适应性。注意产品的使用性能与产品功能的区别：产品的功能反映产品可以做什么，产品的使用性能是指产品做得怎么样；辅助性能是指保障使用性能发挥作用的性能；适应性是指产品在不同的环境下依然保持其使用性能的能力。如一辆轿车，其有无天窗属于汽车的功能范畴，不属于质量范畴，天窗是否好用、是否漏水则属于使用性能问题，属于质量范畴；一块手表走时是否准确属于使用性能范畴，是否带有夜光功能则属于辅助性能范畴，是否提供水下30m防水则是适应性范畴。

2.可信性

产品的可信性包活可靠性和可维修性。可靠性是指产品在规定的时间内和规定的使用条件下完成规定功能的能力，它是从时间的角度对产品质量的衡量。可维修性是指产品出现故障时维修的便利程度。对于耐用品来说，可靠性和可维修性是非常重要的，如汽车的首次故障里程、平均故障里程间隔、车体结构是否易于维修等都是顾客十分重视的质量指标。

3.经济性

产品的经济性是指产品在使用过程中所需投入费用的大小。经济性尽管与使用性能无关，但是是消费者所关心的。如空调是一种需要消耗电能的产品，在达到同样的制冷效果时能耗越低，给顾客带来的节约就越大；洗衣机则是一种需要大量消耗水的产品，在达到同样洗净比的前提下，用水越少则其经济性越好。

4.美观性

产品的美观性是指产品的审美特性与目标顾客期望的符合程度。顾客通常不会对一种产品的审美特性提出具体要求，但当产品的外观、款式、颜色不符合顾客的审美要求时，顾客就会排斥这种产品；当产品的外观、款式、颜色符合顾客的审美要求时，顾客就会被这种产品所吸引。如瑞士Swatch手表的成功更多地应归功于其对顾客审美需求的准确把握。

5.安全性

产品的安全性指产品在存放和使用过程中对使用者的财产和人身不会构成损害的特性。不管产品的使用性能如何、经济性如何，如果产品存在安全隐患，那不仅是消费者所不能接受的，政府有关部门也会出面干涉或处罚生产企业。对于家用电器、汽车、工程机械、机床设备、食品、医药等，安全性是一个特别重要的质量指标。

因此，对产品质量的评价判断可以从以上5个方面来综合考虑。当然，对于不同的产品来说，质量的内涵可能有所偏重，有的产品如易耗品不需要考虑可维修性的问题，有的产品如复印纸不需要考虑安全性的问题，有的产品如地下供热管道则无须过多考虑美观性的问题。从企业的角度来看，必须深入识别顾客对产品质量特性的关注重点，避免闭门造车，防止顾客关心的质量特性不足、顾客不重视的质量特性投入过多的情况发生。

二、工作质量和工程质量

（一）工作质量

在质量管理过程中，“质量”的含义是广义的，除了产品质量之外，还包括工作质量。质量管理不仅要管好产品本身的质量，还要管好质量赖以产生和形成的工作质量，并以工作质量为重点。

工作质量一般指与质量有关的各项工作，对产品质量、服务质量的保证程度。工作质量涉及各个部门、各个岗位工作的有效性，同时，决定着产品质量、服务质量。然而它又取决于人的素质，包括质量人员的质量意识、责任心、业务水平。其中最高管理者的工作质量起主导作用，一般管理层和执行层的工作质量起保证和落实作用。

（二）工程质量

工程质量是指服务于特定目标的各项工作质量的综合质量。工程质量是产品质量的保证，产品质量是工程质量的体现，因此，质量管理工作应着眼于对工程质量进行管理。对质量定义的认识将决定管理质量的工作内容和工作质量。一些企业内部对质量理解不正确、不全面或者不统一，在一定程度上影响了质量工作的效果。

三、质量管理的概念

质量管理（Quality Management）是指导和控制组织的与质量有关的相互协调的活动。指导和控制组织的与质量有关的活动，通常包括质量方针和质量目标的建立、质量策划、质量控制、质量保证和质量改进。

（一）质量方针和质量目标的建立

质量管理是以质量管理体系为载体，通过建立质量方针和质量目标，并为实施规定的质量目标进行质量策划，实施质量控制和质量保证，开展质量改进等活动予以实现的，质量管理涉及组织的各个方面，质量管理是否有效关系到组织的兴衰。

（二）质量策划

质量策划即设定质量目标并规定必要的运行过程和相关资源以实现其目标的活动。质量策划涉及企业内部的众多方面，例如建立质量管理体系策划、产品实现过程策划、质量改进策划、适应环境变化的策划等。

（三）质量控制

质量控制即“致力于满足质量要求”的活动。它是通过一系列作业技术和活动对质量形成的整个过程实施控制的，其目的是使产品、过程或体系的固有属性达到规定的要求。它是预防不合格发生的重要手段和措施，贯穿于产品形成和体系运行的全过程。

（四）质量保证

质量保证是对达到质量要求提供信任的活动。质量保证的核心是向人们提供足够的信任，使顾客和其他相关方确信企业的产品、体系和过程达到和满足质量要求。它一般有两方面的含义：一是企业在产品质量方面对用户所作的一种担保，具有“保证书”的含义。这一含义还可引申为上道工序对下道工序提供的质量担保。二是企业为了提供信任所开展的一系列质量保证活动。这种活动对企业内部来说是有效的质量控制活动；对外来说是提供依据证明企业质量管理工作实施的有效性，以达到使人确信其质量的目的。因此，质量保证包括取信于企业领导的内部质量保证和取信于用户的外部质量保证。

质量控制与质量保证有一定的关联性。质量控制是为了达到规定的质量要求所开展的一系列活动，而质量保证是提供客观证据证实已经达到规定质量要求的各项活动，并取得顾客和相关方面的信任。因此，有效地实施质量控制是质量保证的基础。

（五）质量改进

质量改进是致力于增强满足质量要求能力的活动。质量改进的目的是提高企业满足质量要求的能力。它是通过产品实现和质量体系运行的各个过程的改进来实施的，涉及组织的各个方面，包括生产经营全过程中的各个阶段、环节、职能、层次，所以企业管理者应着眼于积极主动地寻求改进机会，发动全体成员并鼓励他们参与改进活动。

第二节 质量管理的研究对象、主要内容及基本过程

一、质量的形成

（一）质量螺旋

在实践中，人们逐渐认识到质量不是检验出来的，它有一个产生、形成和实现的过程。这一过程可用“朱兰螺旋曲线”来表示。朱兰（J.M.Juran）是质量管理专家，他用一条螺旋上升的曲线来反映产品质量形成的规律。所谓质量螺旋是一条螺旋式上升的曲线，该曲线把全过程中各质量职能按照逻辑顺序串联起来，用以表征产品质量形成的整个过程及其规律性，通常称为“朱兰质量螺旋”。朱兰质量螺旋反映了产品质量形成的客观规律，是质量管理的理论基础，对于现代质量管理的发展具有重大意义。

（二）质量环

质量形成过程的另一种表达方式是“质量环”。质量环包括12个环节：营销和市场调研、产品设计和开发、过程策划和开发、采购、生产和服务提供、验证、包装和储存、销售和分发、安装和投入运行、技术支持和服务、售后、使用寿命结束时的处置或再生利用。这种质量循环不是简单的重复循环，它与质量螺旋有相同的意义。

二、质量管理的研究对象及内容

（一）质量管理的研究对象

质量管理是研究和揭示质量形成与实现过程的客观规律的科学。

质量管理学是一门融硬科学和软科学于一体的边缘性、综合性学科，它依托于技术学科，适用范围广。凡涉及质量的问题，无论是产品质量，还是服务质

量、工作质量、过程质量等均适用。近十年，质量管理理论研究取得令人瞩目的进展，内容日益丰富，实践领域不断扩大。自质量管理体系的国际标准公布以来，质量管理进入了概念统一化、内容规范化、活动国际化时期。质量管理的研究范围包括微观的质量管理和宏观的质量管理。微观的质量管理着重从组织的角度，研究如何保证和提高产品质量、服务质量；宏观的质量管理着重从国民经济和全社会的角度，研究如何对企业、服务机构的产品质量进行有效的统筹管理和监督。

（二）质量管理研究的主要内容

质量管理研究的主要内容有以下几个方面。

1.质量管理基本概念

任何一门学科都有一套专门的、特定的概念，组成一个合乎逻辑的理论概念。质量管理也不例外，如质量、质量环、质量方针、质量计划、质量控制、质量保证、质量审核、质量成本、质量体系等，是质量管理中常用的重要概念，应确定其统一、正确的术语及准确的含义。

2.质量管理的基础工作

质量管理的基础工作是标准化、计量、质量信息与质量教育工作，此外还有以质量否决权为核心的质量责任制。离开这些基础，质量管理是无法推行或行之无效的。

3.质量体系的设计（策划）

质量管理的首要工作就是设计或策划科学、有效的质量体系，无论是国家、企业还是某个组织的质量体系设计，都要从其实际情况和客观需要出发，合理选择质量体系要素，编制质量体系文件，规划质量体系运行步骤和方法，并制定考核办法。

4.质量管理的组织体制和法规

应从我国具体国情出发，研究建立适用于我国的质量管理组织体制和质量管理法规。当然，也要研究各国质量管理体制、法规，以博采众长、取长补短、融合提炼适合我国的质量管理体制和法规体系，如质量管理组织体系、质量监督组织体系、质量认证体系等，以及质量管理方面的法律法规和规章。

5.质量管理的工具和方法

质量管理的基本思想方法是PDCA循环，基本数学方法是概率论和数理统计方法。由此总结出各种常用工具，如排列图、因果分析图、直方图、控制图等。人们又根据运筹学、控制论等系统工程科学方法研制了关联图法、系统图法、矩阵图法、简线图法等新工具。此外，还有实验设计、方差与回归分析和控制图表等。另外，六西格玛（6 sigma）[①]也是一种重要的管理方法。

6.质量抽样检验方法和控制方法

质量指标是具体、定量的。抽样检查或检验，实行有效的控制，都要在质量管理过程中正确地运用数理统计方法，研究和制定各种有效控制系统。质量的统计抽样工具——抽样方法标准就成为质量管理工程中一项十分必要的内容。

7.质量成本和质量管理经济效益的评价、计算

质量成本是从经济性角度评定质量体系有效性的重要方面。科学、有效的质量管理，对企业有显著的经济效益。如何核算质量成本，怎样定量考核质量管理水平和效果，已成为现代质量管理必须研究的一项重要课题。此外，还有可信性管理、质量管理经济效果的评定和计算以及质量文化建设等，也是质量管理研究的重要内容。

三、质量管理的基本过程

质量管理的基本过程大体上包括生产前（产品设计开发过程的质量管理）、生产中（生产过程中的质量管理）和生产后（服务过程的质量管理）。

（一）产品设计开发的质量管理

产品的设计开发是一个复杂的过程，同时要满足来自用户和制造两方面的要求。所以其质量管理特别重要。在进行产品的设计开发质量管理时，应了解顾客

---

① 六西格玛（6 sigma）是在20世纪90年代中期开始从一种全面质量管理方法演变成为一个高度有效的企业流程设计、改善和优化技术，并提供了一系列同等地适用于设计、生产和服务的新产品开发工具。继而与全球化、产品服务、电子商务等战略齐头并进，成为全世界追求管理卓越性的企业最为重要的战略举措。六西格玛（6 sigma）逐步发展成为以顾客为主体来确定企业战略目标和产品开发设计的标尺，追求持续进步的一种质量管理哲学。六西格玛（6 sigma）管理法，是获得和保持企业在经营上的成功并将其经营业绩最大化的综合管理体系和发展战略，是使企业获得快速增长的经营方式。

需要什么样的产品和服务。正确识别用户的明确要求和潜在要求是产品的设计开发阶段进行质量管理的关键，也是确定新产品开发和设计的依据。识别的整个过程就是大量收集情报并进行系统分析。

（二）制造过程中的质量管理

制造过程中的质量管理必须建立一个控制状态下的系统。所谓控制状态就是生产与运作的正常状态，即生产过程能稳定、持续地生产符合设计质量的产品。生产系统处于控制状态下才能保证合格产品的连续性和再现性。生产制造过程的质量控制包括工艺准备的质量控制、基本制造过程的质量控制、辅助服务过程的质量控制。进行工艺准备的质量控制时，首先要制订制造过程质量控制计划，其次要进行工艺的分析与验证，最后是进行工艺文件的质量控制。基本制造过程的质量管理是指从材料的进厂到产出最终产品的整个过程对产品的质量管理。基本任务是：严格贯彻设计意图和执行技术标准，使产品达到质量标准；实现制造过程中各个环节的质量保证，以确保工序质量水平；建立能够稳定地生产符合质量要求的产品生产制造系统。辅助服务过程的质量管理包括物料供应的质量控制、工具供应的质量控制和设备维修的质量控制等内容。

（三）服务过程的质量管理

在服务过程中应提供咨询介绍服务，技术培训服务，包退、包换和包修服务，维修服务，访问服务以达到质量控制的目的。售后服务的任务就是用以上提到的各种服务让顾客满意。售后服务直接面对顾客，服务的质量可以得到直接的反馈，服务质量的好坏往往可以通过顾客的满意度体现出来，而顾客对企业提供的服务是否满意，将会给企业带来极大的影响，这种影响往往是超乎想象的。

第三节　全面质量管理概述

一、全面质量管理的定义

全面质量管理是以产品质量为核心，建立起一套科学严密高效的质量体系，以提供满足用户需要的产品或服务的全部活动。

全面质量管理（Total Quality Management，TQM）是企业管理的中心环节，是企业管理的“纲”，它和企业的经营目标是一致的。进行全面质量管理可以提高产品质量，改善产品设计，加速生产流程，鼓舞员工的士气和增强质量意识，改进产品售后服务，提高市场的接受程度，降低经营质量成本，减少经营亏损，降低现场维修成本，减少责任事故。全面质量管理是组织全体职工和相关部门参加，综合运用现代科学管理技术成果，控制影响质量形成全过程的各因素，以经济的研制、生产和提供顾客满意的产品与服务为目的的系统管理活动。全面质量管理被提出后，相继为各发达国家乃至发展中国家重视和运用，并在日本取得巨大的成功。多年来，随着世界经济的发展，全面质量管理在理论和实践上都得到了很大的发展，成为现代企业以质量为核心提高竞争力和获得更大利益的经营管理体系。

二、全面质量管理的两大支柱

（一）成本控制及时全面化

及时全面化在全面质量管理中之所以能够发挥更大的作用，核心还在于充分协作的团队工作方式，此外，企业外部的密切合作环境也是一个必要且独特的条件。浪费在传统企业内无处不在：生产过剩、零件不必要的移动、操作工多余的动作、待工、质量不合格或返工、库存、其他各种不能增加价值的活动等，要向精益化转变，基本思想是消除生产流程中一切不能增加价值的活动，即杜绝浪费。在精益企业里，库存被认为是最大的浪费，必须消灭。减少库存的有力措施是变“批量生产、排队供应”为单件生产流程。在单件生产流程中，基本上只有一个生产件在各道工序之间流动，整个生产过程随单件生产流程的进行而永远保持流动。理想的情况是，在相邻工序之间没有在制品库存。

（二）持续改善自动化

持续改善是另一种全新的企业文化，实行全面质量管理，由传统企业向精益企业的转变并且享受精益生产带来的好处，贯穿其中的支柱就是管理自动化。这也是ISO 9000：2000所强调的质量管理工作八大原则之一。

实行全面质量管理，由传统企业向精益企业的转变不能一蹴而就，需要付出一定的代价，并且有时候还可能出现意想不到的问题，使得那些热衷于传统生产方式而对精益生产持怀疑态度的人，能列出这样或那样的理由来反驳。但是，那些坚定不移走精益之路的企业，大多数在6个月内，有的甚至还不到3个月，就可以收回全部改造成本，并且享受精益生产带来的好处，所有注重全面质量管理的企业要获得成功就要用好持续改善这个支柱。

三、全面质量管理的常用工具

全面质量管理常用工具，就是在开展全面质量管理活动中，用于收集和分析质量数据，分析和确定质量问题，控制和改进质量水平常用的七种方法。这些方法不仅科学，而且实用，企业应该首先学习和掌握它们，并带领工人应用到生产实际中。

（一）统计分析表法和措施计划表法

质量管理讲究科学性，一切凭数据说话。因此对生产过程中的原始质量数据的统计分析十分重要，为此必须根据班组、岗位的工作特点设计出相应的表格。

（二）排列图法

排列图法是找出影响产品质量主要因素的一种有效方法。

制作排列图的步骤如下。

（1）收集数据。即在一定时期里收集有关产品质量问题的数据。例如，可收集1个月或3个月，或半年等时期内的废品或不合格品的数据。

（2）进行分层，列成数据表。即将收集到的数据资料，按不同的问题进行分层处理，每一层也可称为一个项目；然后统计一下各类问题（或每一项目）反复出现的次数（频数）；按频数的大小次序，从大到小依次列成数据表，作为计算和作图时的基本依据。

（3）进行计算。即根据以上数据，相应地计算出每类问题在总问题中的百分比，然后计算出累计百分数。

（4）作排列图。即根据上述数据进行作图。需要注意的是，累计百分率应标在每一项目的右侧，然后从原点开始，点与点之间以直线连接，从而作出帕累托曲线。

（三）因果分析图法

因果分析图又叫特性要因图。按其形状，有人又称之为树枝图或鱼刺图。它是寻找质量问题产生原因的一种有效工具。

画因果分析图的注意事项如下。

（1）影响产品质量的大原因，通常从五个大方面去分析，即人、机器、原材料、加工方法和工作环境。每个大原因再具体化成若干个中原因，中原因再具体化为小原因，越细越好，直到可以采取措施为止。

（2）讨论时要充分发挥技术民主，集思广益。别人发言时，不准打断，不开展争论。各种意见都要记录下来。

（四）分层法

分层法又叫分类法，是分析影响质量（或其他问题）原因的方法。我们知道，如果把很多性质不同的原因搅在一起，那是很难理出头绪来的。其办法是把收集来的数据按照不同的目的加以分类，把性质相同，在同一生产条件下收集的数据归在一起。这样，可使数据反映的事实更明显、更突出，便于找出问题，对症下药。

企业中处理数据常按以下原则分类。

（1）按不同时间分：如按不同的班次、不同的日期进行分类。

（2）按操作人员分：如按性别、工龄等分类。

（3）按使用设备分：如按不同的机床型号、不同的工装夹具等进行分类。

（4）按操作方法分：如按不同的切削用量、温度、压力等工作条件进行分类。

（5）按原材料分：如按不同的供料单位、不同的进料时间、不同的材料成分等进行分类。

（6）按不同的检测手段分类。

（7）其他分类：如按不同的工厂、使用单位、使用条件、气候条件等进行分类。

总之，因为我们的目的是把不同质的问题分清楚，便于分析问题找出原因，所以分类方法多种多样，并无任何硬性规定。

（五）直方图法

直方图（Histogram）是频数直方图的简称。它是用一系列宽度相等、高度不等的长方形表示数据的图。长方形的宽度表示数据范围的间隔，长方形的高度表示在给定间隔内的数据数。

（六）控制图法

控制图法是以控制图的形式，判断和预报生产过程中质量状况是否发生波动的一种常用的质量控制统计方法。它能直接监视生产过程中的过程质量动态，具有稳定生产、保证质量、积极预防的作用。

（七）散布图法

散布图法，是指通过分析研究两种因素的数据之间的关系，来控制影响产品质量的相关因素的一种有效方法。

在生产实际中，往往是一些变量共处于一个统一体中，它们相互联系、相互制约，在一定条件下又相互转化。有些变量之间存在着确定性的关系，它们之间的关系，可以用函数关系来表达，如圆的面积和它的半径关系：$S=\pi r^2$；有些变量之间却存在着相关关系，即这些变量之间虽然有关系，但又不能由一个变量的数值精确地求出另一个变量的数值。将这两种有关的数据列出，用点子打在坐标图上，然后观察这两种因素之间的关系。这种图就称为散布图或相关图。

四、全面质量管理的特点

（一）全面的质量管理

全面的质量管理的对象——“质量”的含义是全面的，不仅要管产品质量，还要管产品质量赖以形成的工作质量和工程质量。实行全面的质量管理，就是为达到预期的产品目标和不断提高产品质量水平，经济而有效地搞好产品质量的保证条件，使工程质量和工作质量处于最佳状态，最终达到预防和减少不合格品、提高产品质量的目的，并要做到成本降低、价格便宜、供货及时、服务周到，以全面质量的提高来满足用户各方面的使用要求。

（二）全过程的质量管理

全过程的质量管理，即全面质量管理的范围是全面的。产品的质量，有一个逐步产生和形成的过程，它是经过企业生产经营的全过程一步一步形成的。所以，好的产品质量，是设计和生产出来的，不是仅靠检验得到的。根据这一规律，全面质量管理要求从产品质量形成的全过程，从产品设计、制造、销售和使用的各环节致力于质量的提高，做到防检结合，以防为主。质量管理向全过程管理发展，有效地控制了各项质量影响因素，它不仅充分体现了以预防为主的思想，保证质量标准的实现；而且着眼于工作质量和产品质量的提高，争取实现新的质量突破。根据用户要求，从每一个环节做起，致力于产品质量的提高，从而形成一种更加积极的管理。

（三）全员性的质量管理

全员性的质量管理，即全面质量管理要求参加质量管理的人员是全面的。全面质量管理依靠全体职工参加，质量管理的全员性、群众性是科学质量管理的客观要求。产品质量的好坏，是许多工作和生产环节活动的综合反映，因此它涉及企业所有部门和所有人员。这就是说，一方面产品质量与每个人的工作有关，提高产品质量需要依靠所有人员的共同努力；另一方面在这个基础上产生的质量管理和其他各项管理，如技术管理、生产管理、资源管理、财务管理等各方面之间，存在着有机的辩证关系，它们以质量管理为中心，既相互联系，又相互促进。因此，实行全面质量管理要求企业在集中、统一的领导下，把各部门的工作有机地组织起来，人人都必须为提高产品质量，为加强质量管理尽职尽责。只有人人关心产品质量，都对质量高度负责，企业的质量管理才能搞好，生产优质产品才有坚实的基础和可靠的保证。

（四）多方法的质量管理

全面质量管理的方法是全面的、多种多样的，它是由多种管理技术与科学方法组成的综合性的方法体系。全面、综合地运用多种方法进行质量管理，是科学质量管理的客观要求。现代化大生产、科学技术的发展以及生产规模的扩大和生产效率的提高，对产品质量提出了越来越高的要求。影响产品质量的因素也越来越复杂，既有物质因素，又有人的因素；既有生产技术的因素，又有管理因素；既有企业内部的因素，又有企业外部的因素。要把如此众多的影响因素系统地控制起来，统筹管理，单靠一两种质量管理方法是不可能实现的，必须根据不同情况，灵活运用各种现代化管理方法和措施加以综合治理。

上述“三全一多样”，都是围绕着“有效地利用人力、物力、财力、信息等资源，以最经济的手段生产出顾客满意的产品”这一企业目标的，这是推行全面质量管理的出发点和落脚点，也是全面质量管理的基本要求。坚持质量第一，把顾客的需要放在第一位，树立为顾客服务、对顾客负责的思想，是推行全面质量管理贯彻始终的指导思想。

五、全面质量管理的基本指导思想

（一）质量第一，以质量求生存

任何产品都必须达到所要求的质量水平，否则就没有或未完全实现其使用价值，从而给消费者及社会带来损失。从这个意义上讲，质量必须是第一位的。市场的竞争其实就是质量的竞争，企业的竞争能力和生存能力主要取决于它满足社会质量需求的能力。

“质量第一”并非“质量至上”。质量不能脱离当前的消费水平，也不能不考虑成本而一味追求质量。应该重视质量成本分析，综合分析质量和质量成本，确定最适宜的质量。

（二）以顾客为中心，坚持用户至上

外部的顾客可以是最终的顾客，也可以是产品的经销商或再加工者；内部的顾客是企业的各部门和人员。实行全过程的质量管理要求企业所有工作环节都必须树立为顾客服务的思想。内部顾客满意是外部顾客满意的基础。因此，在企业内部要树立“下道工序是顾客”“努力为下道工序服务”的思想。只有每道工序在质量上都坚持高标准，都为下道工序着想，为下道工序提供最大的便利，企业才能目标一致地、协调地生产出符合要求，满足用户期望的产品。可见，全过程的质量管理就意味着全面质量管理要“始于识别顾客的需要，终于满足顾客的需要”。

（三）预防为主、不断改进产品质量

优良的产品质量是设计和生产制造出来的而不是靠事后的检验决定的。事后的检验面对的是已经成为事实的产品质量。根据这一基本道理，全面质量管理要求把管理工作的重点，从“事后把关”转移到“事前预防”上来；从管结果转变为管因素，实行“预防为主”的方针，使不合格产品消失在它的形成过程之中，做到“防患于未然”。当然，为了保证产品质量，防止不合格品出厂或流入下道工序，并及时反馈发现的问题，防止再出现、再发生，加强质量检验在任何情况下都是必不可少的。强调预防为主、不断改进的思想，不仅不排斥质量检验，反倒要求其更加完善、更加科学。

（四）用数据说话，以事实为基础

有效的管理是建立在数据和信息分析的基础上的。要求在全面质量管理工作中具有科学的工作作风，必须做到“心中有数”，以事实为基础。为此，必须广泛收集信息，用科学的方法处理和分析数据与信息，不能够“凭经验，靠运气”。为了确保信息的充分性，应该建立企业内外部的信息系统。坚持以事实为基础，就是要克服“情况不明决心大，心中无数点子多”的不良决策作风。

（五）重视人的积极因素，突出人的作用

“各级人员都是组织之本，只有他们的充分参与，才能使他们的才干为组织

带来收益。”产品和服务的质量是企业中所有部门和人员工作质量的直接或间接的反映。因此，全面质量管理不仅需要最高管理者的正确领导，更重要的是充分调动企业员工的积极性。为了激发全体员工参与的积极性，管理者应该对职工进行质量意识、职业道德、以顾客为中心的意识和敬业精神的教育，还要通过制度化的方式激发他们的积极性和责任感。

第四节　质量管理的基础工作

质量管理的基础工作是组织质量管理体系有效运行的基本保证，通常包括质量教育培训工作、质量责任制、标准化工作、计量管理工作和质量信息管理工作。

一、质量教育培训工作

教育培训工作是组织风险最小、收益最大的一项战略性投资，员工素质的普遍提高是组织不断发展壮大的根本保证。为此，应本着“以人为本”的原则，建立能够充分调动、激发员工活力的教育培训机制。

质量管理必须“基于教育”，一方面是增强质量意识和质量管理基本知识的教育，另一方面则是专业技术与技能的教育培训。

对不同的培训对象，质量教育培训的内容应有不同的侧重。但质量意识的教育，对于各种层次的对象都是一项经常性、长期性的教育内容。对于企业的管理者而言，还应侧重于质量管理理论、方法和技术方面的教育。对于从事生产、服务活动的员工，则应加强技术基础教育、技能培训以及关于质量管理知识、方法、应用方面的教育。同时，要适时地提供培训和采取措施以满足对人员能力和意识要求的有效性评估，只有全体员工都能胜任自己的工作，组织才能把美好的设想变成现实。

二、质量责任制

质量责任制，旨在确定组织中各部门或个人在质量管理中应承担的任务和活动，规定每个员工的责任和权利。做到人人都有确定的任务和明确的责任，使事事都有人负责，实行预防为主、防检结合，形成一个严密的质量管理责任网络。

建立质量责任制，是组织建立经济责任制的首要环节，有利于实现质量与数量的统一、速度与效益的统一，有利于促进我国企业由粗放型经营向集约型经营的转变，由偏重产量、产值向产量与质量并重、速度与效益并举的转变。

建立质量责任制，要明确规定各项活动之间的接口和协调措施，以利于理顺组织中专业性管理与综合性管理的关系，使质量活动程序化，做什么、怎么做、谁来做、何时做、做到什么程度以及由谁进行记录等都明确、有序。

“质量否决权”是一种可取的办法，它以质量的优劣对员工的劳动效果和利益分配进行评价，并具有最终决定权。质量否决并不仅在于“否决”，其目的在于促进各级各类人员和全体员工质量意识的提高，并且有助于质量责任制的进一步落实。

三、标准化工作

标准化工作是在经济、技术、科学及管理等社会实践中，对重复性事物和概念通过制定、实施标准达到统一，以获得秩序和社会效益的过程。

标准化是组织管理的重要基础和手段，它为实现各种管理职能提供了共同的准则。产品标准是企业管理目标在质量方面的具体化和定量化；各种质量标准则是生产经营活动在时间和数量方面的规律性的反映；各种其他标准为企业进行技术、生产、质量、物资与设备管理等提供了依据。因此，借助标准化这个手段，将有利于实现企业管理的合理化与科学化。

同时，标准化也是提高产品质量和发展产品品种的重要手段。产品标准为质量管理明确了目标，生产过程和操作方法的标准化，有利于控制影响产品质量及其波动的因素；运用标准化的设计思想，可以消除多余、不必要的产品品种、规格，可以用最少的要素组合形成较多的品种。标准化工作，有利于全面提高企业的经济效益，节约生产经营过程中的活劳动消耗和物化劳动消耗，有利于使企业的生产经营活动合理化，改进质量，提高效率，降低成本，以利于企业目标的实现。

随着质量管理理论和实践的发展与进步，质量管理标准化工作也在不断地发展，特别是国际标准化组织所做的工作，对于消除国际贸易壁垒、加强世界经济合作，发挥着巨大的作用。

四、计量管理工作

计量是关于测量和保证量值统一与准确的一项技术基础工作，它具有如下特点。

（一）一致性

指统一国家的计量制度和统一各种量值单位。同国际上计量制度保持一致，采取通用的国际单位制。

（二）准确性

为达到量值统一的目的，每次计量过程都必须保持一定范围内的准确性，要求不同人员在不同地点、不同时间对同一种量值的测量结果，都具有一定程度的准确范围，并具有足够的稳定性。测量结果不但要给出明确的量值，而且要给出这个量值的误差大小，以便应用时加以综合处理。计量的准确性是保证一致性的前提。

（三）可溯源性

计量是从单位制开始的。单位制中的基本单位称为基准量值，复现这些量值的设备称为基准器，即计量标准。单位量值复现以后，通过较低一级的标准器传递下去，称为量值传递。传递都规定有一定的误差范围，以保证同类测量结果在全国的准确和一致。这种为达到量值统一而进行的量值传递形式，即为量值的可溯源性。

（四）法制性

计量工作贯穿于国民经济的各个领域。为实现全国的计量单位制统一和全国的量值统一，国家制定和颁布的有关计量的法律、命令、条例、办法、制度、规程等，是各地区、各部门、各行业涉及计量工作所必须遵守的法制性准则。

计量工作是技术与管理的统一与结合，其基本任务就是宣传贯彻国家计量法令和有关制度，监督检查各部门的执行情况，并为提高产品质量、降低消耗、促进技术进步和改善经营管理提供计量保证。在保证量值统一的条件下，通过采用测试技术、制定标准和技术文件，以及组织管理措施等手段，提供各种数据和信息，并使之达到必要的准确度，使各项工作建立在可靠的数据分析的基础上，从而为产品质量的提高和成本的降低，以及为实现组织的目标提供依据。在质量管理中，如果没有计量这个技术基础，则定量分析将毫无依据，质量优劣更无法判断，因而也就谈不上质量管理。

五、质量信息管理工作

质量信息是质量管理的依据和资源，其主要工作是对质量信息进行收集、整理、分析、反馈、建档，并提供利用。

质量信息应具备价值性、适用性、正确性、等级性、可追溯性和可加工性。

质量信息管理工作的主要任务如下。

（1）为质量决策提供确切可靠、实时有效的信息。

（2）保证质量信息流畅通无阻，以确保质量管理工作正常、有序地运行。

（3）为内部考核和外部质量保证提供依据。

（4）建立质量档案。全面地积累质量数据与资料、分类归档贮存、建立质量信息档案，并随时提供利用。

为使质量信息在质量管理活动中充分发挥作用，必须建立组织的质量信息系统（Quality Information System，QIS），形成一种收集、存贮、分析和报告质量信息的组织体系，以便支持质量信息管理，帮助决策机构和决策者作出决策及迅速传递指令。

QIS的流程通常包含以下9个基本环节：质量信息的发生与发出、质量信息的输入、质量信息的分析处理、质量信息的传递、质量信息的输出、采取纠正或预防措施、质量信息的协调、质量信息的显示和报警、质量信息的贮存。

QIS 可以是一个人工系统、人机系统或全自动化的系统，它是组织的管理信息系统（Management Information System，MIS）的一个重要组成部分，要处理好 MIS 对 QIS 的影响和协调关系，并要求 QIS 的设计人员与 MIS 的有关人员密切合作。

第五章　质量管理体系和质量改进

第一节　质量管理体系

一、质量管理体系的定义及内涵

实现质量管理的方针目标，有效地开展各项质量管理活动，必须建立相应的管理体系，这个体系就叫质量管理体系。质量管理体系指企业内部建立的，为保证产品质量或质量目标所必需的、系统的质量活动。它根据企业特点选用若干体系要素加以组合，加强设计研制、生产、检验、销售、使用全过程的质量管理活动，并予以制度化、标准化，成为企业内部质量工作的活动程序。在现代企业管理中，ISO 9001：2000质量管理体系是企业普遍采用的质量管理体系。

（一）质量管理体系应具有符合性

有效开展质量管理，必须设计、建立、实施和保持质量管理体系。组织的最高管理者对依据ISO 9001国际标准设计、建立、实施和保持质量管理体系的决策负责，对建立合理的组织结构和提供适宜的资源负责；管理者代表和质量职能部门对形成文件的程序的制定和实施、过程的建立和运行负直接责任。

（二）质量管理体系应具有唯一性

质量管理体系应结合组织的质量目标、产品类别、过程特点和实践经验设计和建立。因此，不同组织的质量管理体系有不同的特点。

（三）质量管理体系应具有系统性

质量管理体系是各组成部分相互关联和作用的组合体，包括：①组织结构——合理的组织机构和明确的职责、权限及协调的关系；②程序——规定到位的形成文件的程序和作业指导书，是过程运行和进行活动的依据；③过程——质量管理体系的有效实施，是通过其所需过程的有效运行来实现的；④资源——必需、充分且适宜的资源，包括人员、资金、设施、设备、料件、能源、技术和方法。

（四）质量管理体系应具有全面有效性

质量管理体系的运行应是全面有效的，既能满足组织内部质量管理的要求，又能满足组织与顾客的合同要求，还能满足第二方认定、第三方认证和注册的要求。

（五）质量管理体系应具有预防性

质量管理体系应能采用适当的预防措施，有一定的防止重大质量问题发生的能力。

（六）质量管理体系应具有动态性

最高管理者定期批准进行内部质量管理体系审核，定期进行管理评审，以改进质量管理体系；还要支持质量职能部门（含车间）采用纠正措施和预防措施改进过程，从而完善体系。

（七）质量管理体系应持续受控

质量管理体系所需过程及活动应持续受控。

（八）质量管理体系应最佳化

组织应综合考虑利益、成本和风险，通过质量管理体系持续有效运行使其最佳化。

二、质量管理体系的建立

建立质量体系并保持其有效运行，是一个组织质量管理的核心，是贯彻质量管理和质量保证国家（国际）标准的关键，也是一项复杂和具有相当难度的系统工程。

（一）建立质量体系的基本点

（1）一个能完成自身职能的组织，客观上都存在一个质量体系，但并非每个组织的质量体系都能保持和有效运行。

（2）在一个组织内，不同的产品可以有不同的要求，不同的顾客可以选择不同的质量保证模式，但一个组织只应建立并保持一个质量体系，这个体系应覆盖该组织所处的所有质量体系情况。

（3）质量体系应形成文件，即编制与本组织质量体系相适应的质量体系文件，体系文件应在总体上满足ISO 9000族标准要求：在具体内容上，应反映本组织特点，要有利于本组织所有职工的理解和贯彻。

（4）质量体系既要满足组织内部质量管理的需要，也要充分考虑外部质量保证的要求，除顾客的一些特殊要求外，两者的大多数内容是一致或兼容的。

（5）质量体系的效果应能满足本组织和顾客的需求与期望，并使其他所有受益者受益，应在组织和顾客的利益、成本和风险等方面进行权衡。

（6）不论采用“受益者推动”还是“管理者推动”途径，GB/TI9004.1—ISO 9004-1都是一个组织建立和实施全面有效的内部质量体系的指南性文件。

（7）ISO 9000族标准是对技术规范中有关产品的补充。所以，一个组织要能长期、稳定地生产出满足顾客要求的产品，不仅要有一个好的产品技术规范，而且需要按ISO 9000族标准的要求建立和保持一个有效的质量体系，两者缺一不可。

（8）ISO 9000族标准和其他所有标准一样，都是协调的产物，所以，它不可能是质量管理和质量保证的最高要求。

（9）建立并保持质量体系的关键是落实质量体系上的第一要素——管理职责，并在此基础上，将质量职能和体系要素分解给与质量活动有关的各个职能部门。

（10）质量体系是在不断改进中得到完善的，而这种改进是永无止境的。

（二）建立质量体系的要求

（1）强化系统优化。

（2）强调预防为主。

（3）强调满足顾客对产品的需求。

（4）强调过程概念。

（5）强调质量与效益的统一。

（三）建立质量管理体系的步骤

建立、完善质量体系一般要经历质量体系的策划与设计、质量体系文件的编制、质量体系的试运行、质量体系审核和评审四个阶段，每个阶段又可分为若干具体步骤。

1.质量体系的策划与设计

（1）教育培训，统一认识。

质量体系建立和完善的过程，是始于教育、终于教育的过程，也是提高认识和统一认识的过程，教育培训要分层次、循序渐进地进行。第一层次为决策层，包括党、政、技（术）领导。第二层次为管理层，重点是管理、技术和生产部门的负责人以及与建立质量体系有关的工作人员。第三层次为执行层，即与产品质量形成全过程有关的作业人员。

（2）组织落实，拟订计划。

尽管质量体系建设涉及一个组织的所有部门和全体职工，但对多数单位来说，成立一个精干的工作班子可能是需要的，根据一些单位的做法，这个班子也可分三个层次。

第一层次：成立以最高管理者（厂长、总经理等）为组长，质量主管领导为副组长的质量体系建设领导小组（或委员会）。

第二层次：成立由各职能部门领导（或代表）参加的工作班子。这个工作班子一般由质量部门和计划部门的领导共同牵头，其主要任务是按照体系建设的总体规划具体组织实施。

第三层次：成立要素工作小组。根据各职能部门的分工明确质量体系要素的责任单位，例如，“设计控制”一般应由设计部门负责，“采购”由物资采购部门负责。组织和责任落实后，按不同层次分别制订工作计划。

（3）确定质量方针，制定质量目标。

质量方针体现了一个组织对质量的追求、对顾客的承诺，是职工质量行为的准则和质量工作的方向。

（4）现状调查和分析。

现状调查和分析的目的是合理地选择体系要素，内容包括：体系情况分析，产品特点分析，组织结构分析，生产设备和检测设备能否适应质量体系的有关要求，技术、管理和操作人员的组成、结构及水平状况的分析，管理基础工作情况分析。

（5）调整组织结构，配备资源。

组织机构设置由于历史沿革多数并不是按质量形成客观规律来设置相应的职能部门的，所以在完成落实质量体系要素并展开对应的质量活动以后，必须将活动中相应的工作职责和权限分配到各职能部门。一般来讲，一个质量职能部门可以负责或参与多个质量活动，但不要让一项质量活动由多个职能部门来负责。在活动展开的过程中，涉及的相应的硬件、软件和人员配备，根据需要应进行适当的调配和充实。

2.质量体系文件的编制

所谓文件就是“信息及其承载媒体”。文件的价值是传递信息、沟通意图、统一行动。

ISO 9000：2000标准2.7.1条款中指出文件的具体用途是：满足顾客要求和质量改进；提供适宜的培训；重复性和可追溯性；提供客观证据；评价质量管理体系的有效性和持续适宜性。

ISO 9000：2000标准2.7.2条款中指出，在质量管理体系中使用的文件类型主要有以下几种。

（1）质量手册，即“规定组织质量管理体系的文件”，它向组织内部和外部提供关于质量管理体系的一致信息的文件。

（2）质量计划，即“对特定的项目、产品、过程或合同，规定由谁及何时应使用哪些程序和相关资源的文件”。

（3）规范，即“阐明要求的文件”。

（4）指南，即阐明推荐的方法或建议的文件。

（5）程序，作业指导书和图样，这些都是阐述如何一致地完成活动和过程的信息文件。

（6）记录，即“阐明所取得的结果或提供所完成活动的证据的文件”。

3.质量体系的试运行

质量体系文件编制完成后，质量体系将进入试运行阶段。其目的是通过试运行，考验质量体系文件的有效性和协调性，并对暴露出的问题，采取改进措施和纠正措施，以达到进一步完善质量体系文件的目的。在质量体系试运行过程中，要重点抓好以下工作。

（1）有针对性地宣传质量体系文件。使全体职工认识到新建立或完善的质量体系是对过去质量体系的变革，是为了与国际标准接轨，要适应这种变革就必须认真学习、贯彻质量体系文件。

（2）实践是检验真理的唯一标准。体系文件通过试运行必然会出现一些问题，全体职工应将实践中出现的问题和改进意见如实反映给有关部门，以便采取纠正措施。

（3）对体系试运行中暴露出的问题，如体系设计不周、项目不全等进行协调、改进。

（4）加强信息管理，不仅是体系试运行本身的需要，也是保证试运行成功的关键。所有与质量活动有关的人员都应按体系文件要求，做好质量信息的收集、分析、传递、反馈、处理和归档等工作。

4.质量体系的审核与评审

质量体系审核在体系建立的初始阶段往往更加重要。在这一阶段，质量体系审核的重点，主要是验证和确认体系文件的适用性和有效性。

审核与评审的主要内容一般包括：规定的质量方针和质量目标是否可行；体系文件是否覆盖了所有主要质量活动，各文件之间的接口是否清楚；组织结构能否满足质量体系运行的需要，各部门、各岗位的质量职责是否明确；质量体系要素的选择是否合理；规定的质量记录能否起到见证作用；所有职工是否养成了按体系文件操作或工作的习惯，执行情况如何。

该阶段体系审核的特点是：体系正常运行时的体系审核，重点在符合性，在试运行阶段，通常是将符合性与适用性结合起来进行；为了使问题尽可能地在试运行阶段暴露无遗，除组织审核组进行正式审核外，还应有广大职工的参与，鼓励他们通过试运行的实践，发现和提出问题；在试运行的每一阶段结束后，一般应正式安排一次审核，以便及时对发现的问题进行纠正，对一些重大问题也可根据需要，适时地组织审核；在试运行中要对所有要素审核覆盖一遍；充分考虑对产品的保证作用；在内部审核的基础上，由最高管理者组织一次体系评审。

应当强调，质量体系是在不断改进中得以完善的，质量体系进入正常运行后，仍然要采取内部审核、管理评审等手段以使质量体系能够保持和不断完善。

三、质量管理体系要求与产品要求的区别

ISO 9000系列标准把质量管理体系要求与产品要求加以区分。区分的主要根据是两种要求具有不同的性质。ISO 9001：2000标准是对质量管理体系的要求。这种要求是通用的，适用于提供不同类别的产品，包括硬件、软件、服务和流程性材料的，不同规模（大型、中型、小型）的组织。但是，每个组织为符合质量管理体系标准的要求而采取的措施却是不同的。一般来说，对产品的要求应在技术规范、产品标准、过程标准或规范、合同协议一级法律规范中规定，但是，对于一个组织来说，质量管理体系要求与产品要求缺一不可，两者不能互相取代，只能相辅相成。表5-1是质量管理体系要求与产品要求区别一览表。

表5-1　质量管理体系要求与产品要求区别一览表

	质量管理体系要求	产品要求
含义	1.为建立质量方针和质量目标并实现这些目标的一组相互关联的或相互作用的要素，是对质量管理体系固有特性提出的要求。 2.质量管理体系的固有特性是体系满足方针和目标的能力、体系的协调性、自我完善能力、有效性的效果等	1.对产品的固有特性所提出的要求，有时也包括与产品有关过程的要求。 2.产品的固有特性主要是指产品物理的、感观的、行为的、时间的、功能的和人体功效方面的有关要求
目的	1.证实组织有能力稳定地提供满足顾客和法律法规要求的产品。 2.通过体系有效应用，包括持续改进和预防不合格而增强顾客满意度	验收产品并满足顾客
适用范围	通用的要求，适用于各种类型、不同规模和提供不同产品的组织	特定要求，适用于特定产品

续表

	质量管理体系要求	产品要求
表达形式	GB/T19001质量管理体系要求或其他质量管理体系要求或法律法规要求	技术规范、产品标准、合同、协议、法律法规，反映在过程标准中
要求的提出	GB/T19001标准	可由顾客规定；可由组织通过预测顾客要求来规定；可由法律法规规定
相互关系	质量管理体系要求本身不规定产品要求，但它是对产品要求的补充	

四、质量管理体系和其他管理体系所关注的目标

质量（顾客满意）虽然是组织的主要目标，但不是组织的唯一目标。质量管理虽然是组织管理的“纲”，却不是组织管理的全部。组织目标还包括增长、资金、利润、环境、职业健康与安全等，虽然这些目标与质量目标都有或多或少、或直接或间接的联系，都可能受到质量目标实现状况（有效性）的制约，但它们毕竟独立存在。因此，组织除了质量管理外，还有财务管理、环境管理等，从而形成财务管理体系、环境管理体系等。

组织的管理体系包括不同的管理子体系，其中质量管理体系是最重要的组成部分，是整个组织管理体系的“纲”，是其“中心环节”。其他管理体系可以与质量管理体系整合为一个使用共同要素的管理体系。例如，生产管理体系使用的要素与质量管理体系使用的要素基本上是一致的、共同的。因此，二者完全可以整合为一个管理体系。不少组织未能认识到这一点，把生产和质量截然分割开来，形成“两张皮”，结果矛盾重重，冲突不断，质量没做好，生产也受到了影响。这种状态不改变，质量管理体系也难以有效运行。类似的情况还发生在质量管理体系和其他管理体系上。因此，标准要求“整合”。

所谓“整合”，就是在策划、职责划分、资源配置、程序要求等方面，尽量进行统一、系统的考虑。也就是说，在策划质量管理体系时，应当充分考虑其他管理体系的要求，同一项活动，同一个过程，最好只有一个文件或一个程序。该文件或该程序既应包含全部质量要求，又应包含其他管理体系的要求。可以不分开的，尽量不分开。这样，组织在形式上只有一个总的管理体系，质量管理体系和其他管理体系都融入其中，既省了不少事，又使组织管理在统一号令下进行，

因而是最合理、最节约的，而且可能是最有效的。

如果组织建立了这样的管理体系，一方面可以对照其要求，对总体有效性进行评定；另一方面也可以对其中的某一单项的管理体系，如质量管理体系和环境管理体系，按ISO 9001和ISO 14001的要求进行审核。第一方（内部）审核可以是联合进行的，也可以是分开进行的。一般来说第二方（顾客）审核是分开进行的。第三方（认证机构）审核可以是ISO 9001和ISO 14001两种要求联合进行，也可以是分开进行。也就是说，组织的管理体系是一个，审核时可以对这“一个”进行综合审核，也可以对这“一个”的组成部分或某一方面分开进行审核。

GB/T19000—2000的这一规定非常重要，有利于我们纠正对质量、质量管理和质量管理体系的错误认识，从一个更高的层次来理解ISO 9000系列标准，防止形式主义和走过场。

第二节　ISO 9000系列标准概述

产品和服务的质量要求通常是以技术标准为保证的。但由于现代产品技术含量高，不合格产品将带来严重后果，所以顾客的着眼点不再局限于产品的最终检验是否符合技术标准，而是要求产品在生产过程中的每一环节都有质量保证。为此，世界上许多国家都相应地制定各种质量保证标准和制度。国际经济、技术合作的深入发展，要求各国所依据的标准协调一致，以便成为评定产品和服务各厂商质量保证活动的统一尺度。1987年，国际标准化组织（ISO）在总结各国质量保证制度的基础上，颁布了ISO 9000质量管理和质量保证系列标准，并迅速被世界各国采用。

一、ISO 9000系列标准介绍

（一）ISO 9000系列标准的产生背景

国际标准化活动最早开始于电子领域，于1906年成立了世界上最早的国际标准化机构——国际电工委员会（IEC）。其他技术领域的工作原先由成立于1926年的国家标准化协会的国际联盟（International Federation of the National Standard-izing Associations，ISA）承担，重点在于机械工程方面。ISA的工作在1942年终止。1946年，来自25个国家的代表在伦敦召开会议，决定成立一个新的国际组织，其目的是促进国际合作和行业标准的统一。于是，ISO这一新组织于1947年2月23日正式成立，总部设在瑞士日内瓦。ISO于1951年发布了第一个标准——工业长度测量用标准参考温度。

ISO 9000系列标准是由ISO和TC176组织各国标准化机构协商一致后制定，经国际标准化组织（ISO）批准发布，提供在世界范围内实施的有关质量管理活动规则的标准文件，被称为国际通用质量管理标准。

ISO 9000质量体系认证是由国家或政府认可的组织以ISO 9000系列质量体系标准为依据进行的第三方认证活动，以绝对的权力和威信保证公开、公正、公平及相互间的充分信任。其系列标准发展历程如下。

（1）1980年，“质量”一词被定义为企业运作及绩效中所展现的组织能力。导致一些行业标准与国家标准的产生，而由于跨国贸易的逐渐形成，跨行业、跨国度的新标准也呼之欲出。

（2）1987年6月，在挪威的奥斯陆举行的第六次大会上代表一致同意将TC176改名为“质量管理和质量保证技术委员会”，并对几个新工作项目进行研究。

（3）1992年，中国等同采用ISO 9000系列标准，形成GB/T19000系列标准。

（4）1994年国际标准化组织ISO修改发布ISO 9000—1994系列标准。世界各大企业如德国西门子公司、日本松下公司、美国杜邦公司等纷纷通过了认证，并要求他们的分供方通过ISO 9000认证。

（5）1996年，中国政府部门逐步将通过ISO 9000认证作为政府采购的条件之一，从而推动了中国ISO 9000认证事业迅速发展。

（6）2000年国际标准化组织ISO修改发布ISO 9000：2000系列标准，更适应新时期各行业质量管理的需求。

ISO 9000系列标准遵循管理科学的基本原则，以系统论、自我完善与持续改进的思想，明确了影响企业产品/服务质量的有关因素的管理与控制要求，并且作为质量管理与质量保证的通用标准，适用于所有行业/经济领域的组织。

（二）ISO 9000系列标准的构成

ISO 9000系列标准是指由ISO/TC176技术委员会制定的一系列关于质量管理的标准、指南、技术规范、技术报告、小册子和网络文件。

ISO 9000系列标准可以帮助组织建立、实施并有效运行质量管理体系，是质量管理体系通用的要求或指南。它不受具体的行业或经济部门的限制，广泛适用于各种类型和规模的组织，在国内和国际贸易中促进相互理解和信任。

ISO 9000系列标准的构成如下。

1.核心标准

ISO 9000：2005：我国已等同采用，即国家标准GB/T19000—2008《质量管理体系基础和术语》。

ISO 9001：2008：我国已等同采用，即国家标准GB/T19001—2008《质量管理体系要求》。

ISO 9004：2009：《追求组织的持续成功质量管理方法》，我国将等同采用为国家标准GB/T19004。

ISO 19011：2002：我国已等同采用，即国家标准GB/T19011—2003《质量和（或）环境管理体系审核指南》。

2.其他标准

ISO 10012：2003：我国已等同采用，即国家标准GB/T19022—2003《测量管理体系测量过程和测量设备的要求》。

3.技术报告

ISO/TR10006：2003：我国已等同采用，即国家标准GB/T19016—2005《质量管理体系项目质量管理》。

ISO 10007：2003：我国已等同采用，即国家标准GB/T19017—2008《质量管理体系技术状态管理指南》。

ISO/TR10013：2001：我国已等同采用，即国家标准GB/T19023—2003《质量管理体系文件指南》。

ISO/TR10014：2006：我国已等同采用，即国家标准GB/T19024—2008《质量管理实现财务和经济效益的指南》。

ISO/TR10015：1999：我国已等同采用，即国家标准GB/T19025—2001《质

量管理培训指南》。

ISO/TR10017：2003：我国已等同采用，即国家标准化指导性技术文件GB/Z19027—2005《GB/T19001—2000的统计技术指南》。

ISO 10019：2005：我国已等同采用，即国家标准GB/T19029—2009《质量管理体系咨询师的选择及其服务使用的技术指南》。

4.小册子

质量管理原理选择和使用指南、小企业实施ISO 9001指南。

5.技术规范

ISO/TS16949：2002：我国已等同采用，即国家标准GB/T18305—2003《质量管理体系汽车生产件及相关维修零件组织应用GB/T19001—2000的特别要求》。

此外，还有一些标准尚处于起草过程，或待更新、发布。

（三）ISO 9000：2008

ISO 9000：2008族标准核心标准为下列四个。

1.ISO 9000：2005《质量管理体系——基础和术语》

标准阐述了ISO 9000族标准中质量管理体系的基础知识、质量管理八项原则，并确定了相关的术语。

2.ISO 9001：2008《质量管理体系要求》

标准规定了一个组织若要推行 ISO 9000，取得 ISO 9000认证，所要满足的质量管理体系要求。组织通过有效实施和推行一个符合ISO 9001：2000标准的文件化的质量管理体系，包括对过程的持续改进和预防不合格，使顾客满意。

3.ISO 9004：2009《质量管理体系——业绩改进指南》

标准以八项质量管理原则为基础，帮助组织有效识别能满足客户及其相关方的需求和期望，从而改进组织业绩，协助组织获得成功。

4.ISO 19011：2011《质量和环境管理体系审核指南》

标准提供质量和（或）环境审核的基本原则、审核方案的管理、质量和（或）环境管理体系审核的实施、对质量和（或）环境管理体系审核员的资格等要求。

二、2000版ISO 9000系列标准的主要特点

（一）能适用于各种组织的管理和运作

2000版ISO 9000系列标准使用了过程导向的模式，替代了以产品（质量环）形式过程为主线的20个要素，以一个大的过程描述所有的产品，将过程方法用于质量管理，将顾客和其他相关方的需要作为组织的输入，再对顾客和其他相关方的满意程度进行监控，以评价顾客或其他相关方的要求是否得到满足。这种过程方法模式可以适用于各种组织的管理和运作。

（二）能够满足各个行业对标准的需求

为了防止将ISO 9000系列标准发展成为质量管理的百科全书，2000版ISO 9000系列标准简化了其本身的文件结构，取消了应用指南标准，强化了标准的通用性和原则性。

（三）易于使用、语言明确、易于翻译和理解

ISO 9001：2000和ISO 9004：2000两个标准结构相似，都从管理职责，资源管理，产品实现，测量、分析和改进四大过程来展开，方便了组织的选择和使用。在ISO 9001：2000标准的术语部分，将分散的术语和定义，用概念图的形式，分10个主题组，将有关概念之间的关系，用分析与构造的方法，按逻辑关系，将其前后连贯，以帮助使用者比较形象地理解各术语及定义之间的关系，并全面掌握它们的内涵。

（四）减少了强制性的“形成文件的程序”的要求

ISO 9001：2000标准只明确要求针对六个方面的活动制定程序文件，在确保控制的原则下，组织可以根据自身的需要决定制定多少文件。虽然ISO 9001：2000标准减少了文件化的强制性要求，但是强调了质量管理体系有效运行的证实和效果，从而体现了ISO 9001：2000标准注重组织的控制能力、证实的能力和质量管理体系的实际运行效果，而不只是用文件化来约束组织的质量管理活动。

（五）将质量管理与组织的管理过程联系起来

2000版ISO 9000系列标准强调过程方法的应用，即系统识别和管理组织内所使用的过程，特别是这些过程之间的相互作用，将质量管理体系的方法作为管理过程的一种方法。

（六）强调对质量业绩的持续改进

2000版ISO 9000系列标准将持续改进作为质量管理体系的基础之一。持续改进的最终目的是提高组织的有效性和效率。它包括改善产品的特征和特性、提高过程有效性和效率。持续改进的基本活动包括测量分析现状、建立目标、寻找解决办法、评价解决办法、实施解决办法、测量实施结果、必要时纳入文件等。

（七）强调持续的顾客满意是推进质量管理体系的动力

顾客满意是指顾客对其需求已被满足的程度的感受。这个定义的关键词是顾客的需求。由于顾客的需求在不断地变化，是永无止境的，因此顾客满意是相对的、动态的。这就促使组织持续改进其产品和过程，以达到持续的顾客满意。

（八）与ISO 14000系列标准具有更好的兼容性

环境管理体系和质量管理体系两类标准的兼容性主要体现在定义和术语统一、基本思想和方法一致、建立管理体系的原则一致、管理体系运行模式一致以及审核标准一致等方面。

（九）强调了ISO 9001标准作为要求标准和ISO 9004标准作为指南标准的协调一致性，有利于组织的持续改进

ISO 9001：2000标准旨在为评定组织满足顾客要求、法律法规要求和组织自身要求能力提供依据。它规定了使顾客满意所需的质量管理体系的最低要求。提高组织效率的最好方法是在使用ISO 9001标准的同时，使用ISO 9004标准中给出的原则和方法，使组织通过不断改进，提高整体效率，增强竞争力。

（十）考虑了所有相关方利益的需求

每个组织都会有几种不同的相关方，除顾客外，组织的其他相关方包括组织的员工、所有者或投资者、供方或合作伙伴、社会等。针对所有相关方的需求实施并保持持续改进其业绩的质量管理体系，可使组织获得成功。

总之，2000版ISO 9000系列标准吸收了全球范围内质量管理和质量体系认证实践的新进展和新成果，更好地满足了使用者的需要和期望，达到了修订的目的。与1994版ISO 9000系列标准相比，更科学、更合理、更适用和更通用。

首先，二者都要求质量体系贯穿于质量形成的全过程；在实现方法上，两者都使用了PDCA质量循环运行模式。其次，两者都要求对质量实施系统化的管理，都强调“一把手”对质量的管理。最后，两者的最终目的一致，都是提高产品质量，满足顾客的需要，都强调任何一个过程都是可以不断改进、不断完善的。

三、ISO 9000系列标准与TQM的不同点

首先，目标不一致。TQM质量计划管理活动的目标是改变现状。其作业只限于一次，目标实现后，管理活动也就结束了，下一次计划管理活动，虽然是在上一次计划管理活动的结果的基础上进行的，但绝不是重复与上次相同的作业。而ISO 9000系列标准的目标是维持标准现状。其目标值为定值。其管理活动是重复相同的方法和作业，使实际工作结果与标准值的偏差量尽量减少。

其次，工作中心不同。TQM是以人为中心，ISO 9000是以标准为中心。

最后，两者的执行标准及检查方式不同。实施TQM的标准是企业结合其自身特点制定的自我约束的管理体制；其检查方主要是企业内部人员，检查方法是考核和评价（方针目标讲评，QC小组成果发布等）。ISO 9000系列标准是国际公认的质量管理体系标准，它是供世界各国共同遵守的准则。贯彻该标准强调的是由公正的第三方对质量体系进行认证，并接受认证机构的监督和检查。

四、ISO 9000系列标准与TQM的结合方式

贯彻ISO 9000系列标准和推行TQM之间不存在截然不同的界限，把两者结合起来，才是现代企业质量管理深化发展的方向。企业开展TQM，必须从基础工作

抓起，认真结合企业的实际情况和需要，贯彻实施ISO 9000系列标准。企业在贯彻ISO 9000系列标准、取得质量认证证书后，一定不要忽视甚至丢弃TQM。在企业的实际工作中，我们主张把开展全面质量管理和实施系列标准有机地结合起来。在具体实施中，可按四类不同的企业，实行四种不同的结合方式。

（1）已开展全面质量管理多年并行之有效，取得成功经验的企业。这类企业过去的成功经验是实施系列标准的良好基础和条件，在此基础上，对照系列标准，结合企业的具体情况，发挥企业的优势，寻找自身不足，进一步规范、完善企业的质量体系并保证其有效运转，促进企业质量管理工作和企业素质的深化和提高。为了提高企业的信誉和竞争能力，企业可以考虑根据市场需要，向经国家认可和授权的权威机构申请对企业进行质量体系认证。

（2）过去搞过全面质量管理，但只限于搞宣传教育或应用一些数理统计方法的企业。对于这样的企业来说，实施系列标准是一个“补课”的好机会。在系列标准指导下，根据企业的产品、服务、工艺等具体情况，按照科学的程序去建立适用的质量体系使之贯穿于产品质量产生、形成和实现的全过程。明确划分职能，逐级分配，把各项工作落到实处。进一步加强质量教育工作，深刻领会全面质量管理和系列标准的系统性、科学性原则，使全体职工都能理解全面质量管理的含义，并提高他们的素质和工作技能。应用数理统计方法要和改进质量相结合，真正发挥这些方法的作用，取得实效。加强质量成绩的考评工作，在质量活动中取得成绩时，要给予肯定和鼓励，激励员工取得更大的成绩。总之，这样的企业通过实施标准，通过“补课”踏踏实实地工作，同样也可以提高管理水平，提高企业素质和竞争力。

（3）新建立的企业或是全面质量管理与实施系列标准工作尚未起步的企业。对于这类企业来说，更要强调开展全面质量管理和实施系列标准相结合。同样，根据企业的具体情况，在系列标准的指导下，按照企业的产品质量产生、形成和实现过程的规律，把影响这些环节的技术、管理等因素控制起来，建立质量体系并明确体系中的具体的质量职能和活动，然后，逐级进行质量职能的分配，并把各个环节的各项工作的“接口”均纳入质量体系的控制范围之内，使得企业的所有质量管理活动协调地发挥作用，获得一个整体的最佳效应。当然，在工作中也必须注意，切忌搞形式、重数量，否则就不能提高企业的管理水平，实现企业的经营目标。

（4）已通过认证机构认证的企业。对于这样的企业来说，其质量体系已比较完善，因此，它们的重点是继续深化全面质量管理，在原有基础上，把企业质量管理水平提高到一个新的水平。

五、ISO 9000实施流程

（一）提出申请

申请者（例如企业）按照规定的内容和格式向体系认证机构提出书面申请，并提交质量手册和其他必要的信息。质量手册内容应能证实其质量体系满足所申请的质量保证标准（GB/T19001或19002，或19003）的要求。

（二）体系审核

体系认证机构指派审核组对申请的质量体系进行文件审查和现场审核。文件审查的目的主要是审查申请者提交的质量手册的规定是否满足所申请的质量保证标准的要求，当文件审查通过后方可进行现场审核，现场审核的主要目的是通过收集客观证据检查评定质量体系的运行与质量手册的规定是否一致，证实其符合质量保证标准要求的程度，给出审核结论，向体系认证机构提交审核报告。

（三）审批发证

体系认证机构审查审核组提交的审核报告，对符合规定要求的批准认证，向申请者颁发体系认证证书，证书有效期3年；对不符合规定要求的也应书面通知申请者。

（四）监督管理

ISO 9000认证体系对获得认证后的监督管理也非常重视，如证书持有者改变其认证审核时的质量体系，须及时将更改情况报告给认证机构，由体系认证机构根据具体情况决定是否重新评定，同时，体系认证机构对证书持有者的质量体系每年至少进行一次监督审核，以确保其质量体系得以继续保持。

六、意义与益处

质量是取得成功的关键。由不同的国家政府、国际组织和工业协会所做的研究表明，企业的生存，发展和不断进步都要依靠质量保证体系的有效实施。ISO 9000系列质量体系被世界上110多个国家广泛采用，既包括发达国家，也包括发展中国家，使市场竞争更加激烈，产品和服务质量日益提高。事实证明，有效的质量管理是在激烈的市场竞争中取胜的手段之一。

今天ISO 9000系列管理标准已经为提供产品和服务的各行各业所接纳和认可，拥有一个由世界各国及社会广泛承认的质量管理体系，具有巨大的市场优越性。未来，当国内外市场经济进一步发展，贸易壁垒被消除以后，它将会变得更加重要。

建立ISO 9000质量保证体系可使企业和组织体会到以下一些益处。

（1）一个结构完善的质量管理体系，使组织的运行产生更大的效益及更高的效率。

（2）更好的培训和更高的生产力。

（3）减少顾客拒收和申诉，可以节省大量的开支，最终享有一个更大的市场份额。

（4）顾客对企业和企业的产品/服务有了更多的信任。

（5）能够在要求通过ISO 9000认证的市场中畅通无阻。

第三节　质量管理原则和质量管理体系基础

质量管理原则为高层管理者以系统和透明方式对组织进行管理和指导绩效改进提供了指导原则。它可以帮助组织的管理者，尤其是帮助最高管理者系统地建立质量管理的理念，提高其管理水平。

一、质量管理的基本原则

在总结1994版标准实践的基础上，ISO 9000：2000标准中明确了质量管理的8项原则。这8项原则科学地总结了世界各国多年来理论研究的成果和实践的经验，体现了质量管理的基本规律，是2000版ISO 9000系列标准的基础。

（一）以顾客为关注焦点

组织依存于他们的顾客。因此，组织应理解顾客当前的和未来的需求，满足顾客要求并争取超越顾客期望。顾客是每一个组织存在的基础，顾客的要求是第一位的，组织应调查和研究顾客的需求与期望，并把它转化为质量要求，采取有效措施使其实现。这个指导思想不仅领导要明确，还要在全体职工中贯彻。

（二）领导作用

领导必须将本组织的宗旨、方向和内部环境统一起来，并创造使员工能够充分参与实现组织目标的环境。领导的作用，即最高管理者具有决策和领导一个组织的关键作用。为了营造一个良好的环境，最高管理者应建立质量方针和质量目标，确保关注顾客要求，确保建立和实施一个有效的质量管理体系，确保应有的资源得到充分利用，并随时将组织运行的结果与目标比较，根据情况确定实现质量方针、目标的措施，确定持续改进的措施。在领导作风上还要做到透明、务实和以身作则。

（三）全员参与

各级人员是组织之本，只有他们充分参与，才能使他们的才干为组织带来最大的收益。组织的质量管理不仅需要最高管理者的正确领导，还有赖于全员的参与。所以要对职工进行质量意识、职业道德、以顾客为中心的意识和敬业精神的教育，还要激发他们的积极性和责任感。

（四）过程方法

将相关的资源和活动作为过程进行管理，可以更高效地得到期望的结果。过程方法的原则不仅适用于某些简单的过程，也适用于由许多过程组成的过程网络。在应用于质量管理体系时，2000版ISO 9000系列标准建立了一个过程模式。此模式把管理职责，资源管理，产品实现，测量、分析和改进作为体系的四大主要过程，描述其相互关系，并以顾客要求为输入，提供给顾客的产品为输出，通过信息反馈来测定顾客满意度，评价质量管理体系的业绩。

（五）管理的系统方法

针对设定的目标，识别、理解并管理一个由相互关联的过程组成的体系，有助于提高组织的有效性和效率。这种建立和实施质量管理体系的方法，既可用于新建体系，也可用于现有体系的改进。此方法的实施可使企业在三个方面受益：一是提供对过程能力及产品可靠性的信任；二是为持续改进打好基础；三是使顾客满意，最终使组织获得成功。

（六）持续改进

持续改进是组织的一个永恒的目标。在质量管理体系中，改进指产品质量、过程及体系有效性和效率的提高，持续改进包括：了解现状；建立目标；寻找、评价和实施解决办法；测量、验证和分析结果，把更改纳入文件等活动。

（七）基于事实的决策方法

对数据和信息的逻辑分析或直觉判断是有效决策的基础。以事实为依据做决策，可防止决策失误。在对信息和资料做科学分析时，统计技术是最重要的工具之一。统计技术可用来测量、分析和说明产品与过程的变异性，统计技术可以为持续改进的决策提供依据。

（八）与供方互利的关系

通过互利的关系，可以增强组织及供方创造价值的能力。供方提供的产品将对组织向顾客提供满意的产品产生重要影响，因此处理好与供方的关系，影响到组织能否持续、稳定地提供顾客满意的产品。对供方不能只讲控制不讲合作互利，特别是对关键供方，更要建立互利关系，这对组织和供方都有利。

组织运用质量管理八项原则通常需开展的活动和可获得的主要收益，如表5-2所示。

表5-2 运用质量管理八项原则通常需开展的活动和可获得的主要收益

序号	质量管理原则	运用此原则通常需开展的活动	运用此原则可获得的主要收益
1	以顾客为关注焦点	1.调查和理解顾客的需求与期望； 2.确保组织目标与顾客需求和期望相联系； 3.在整个组织内沟通顾客需求和期望； 4.测量顾客满意度并根据测量结果采取行动； 5.系统地管理与顾客之间的关系； 6.确保以平衡的方式使顾客和其他相关方（所有者、员工、供方、金融机构、当地社区和社会等）满意	1.通过快速灵活地对市场机会做出反应来增加收入和市场份额； 2.提高利用组织资源的有效性，以提升顾客满意度； 3.通过提高顾客忠诚度获得重复业务
2	领导作用	1.考虑包括顾客、所有者、员工、供方、金融机构、当地社区和社会等所有相关方的需求； 2.建立组织的未来愿景； 3.确立具有挑战性的目标； 4.在组织的所有层次，建立并保持共同的价值观、公平和道德行为模式； 5.建立信任，消除担忧； 6.为员工提供在履行其职责和义务时所需的资源、培训和自由； 7.激发、鼓励和承认员工的贡献	1.员工理解组织的目标，得到激励而努力实现组织的目标； 2.以统一的方式评价、协调和开展各项活动；将组织各层次间的错误沟通减至最小
3	全员参与	1.员工理解自身对组织的贡献和其角色的重要性； 2.员工了解对自身行为的约束 3.员工承担解决问题的责任； 4.员工根据各自的目标评价其绩效； 5.员工积极寻求机会，增强他们的技能、知识和经验； 6.员工自由地分享知识和经验； 7.员工开放式地讨论问题	1.使员工积极地、坚定地参与组织的活动；在实现组织目标的进程中，员工富有创新精神和创造性； 2.员工对自身表现行为负责； 3.员工积极参与持续改进，并为此做出贡献
4	过程方法	1.系统地确定达到预期结果所需的活动； 2.建立管理关键活动的明确的职责和义务； 3.分析和测量关键活动的能力； 4.识别组织职能内和职能间的关键活动的接口； 5.注重改进组织关键活动的因素，如资源、方法和材料等； 6.评价各项活动给顾客、供方和其他相关方带来的风险、结果以及影响	1.通过有效利用资源降低成本和缩短周期； 2.达到更好的、一致的和预期的结果； 3.注重改进机会并确定改进机会的优先次序

续表

序号	质量管理原则	应用此原则通常需开展的活动	运用此原则可获得的主要收益
5	管理的系统方法	1.以最有效和高效的方式构建实现组织目标的体系； 2.理解体系各过程之间的相互依赖关系； 3.建立使过程协调和整合的结构性的方法； 4.更好地提供对实现共同目标所必需的员工角色和职责的理解，以减少跨职能间的障碍； 5.在采取行动之前，理解组织的能力并确定资源的约束条件； 6.规定特定活动在体系内如何运行； 7.通过测量和评价活动持续改进体系	1.诸多过程整合且协调一致，能最佳地达到预期的结果； 2.注重关键过程的能力； 3.为相关方在组织的一致性、有效性和效率等方面提供信任
6	持续改进	1.在整个组织内使用一致的方法，持续改进组织的绩效； 2.为员工提供持续改进方法和工具方面的培训； 3.让持续改进产品、过程和体系成为组织每个员工的目标； 4.确立目标和措施，以指导和跟踪持续改进活动； 5.对改进给予承认和奖励	1.通过提高组织的能力来获得绩效方面的优势； 2.按其战略目的在组织的所有层次来协调改进活动； 3.保持对机会做出快速反应的灵活性
7	基于事实的决策方法	1.确保数据和信息足够精确和可靠； 2.使需要使用数据的人员能够得到数据； 3.使用有效的方法分析数据和信息； 4.根据对事实的分析，并考虑经验和直觉后，做出决策和采取行动	1.做出有依据的决策； 2.基于事实记录，证实以往决策有效性的能力得到提高； 3.提高对意见和决策做出评审、提出异议和更改的能力
8	与供方互利的关系	1.建立平衡短期利益和长远目标间的关系； 2.与合作伙伴共享经验和资源； 3.识别和选择关键供方； 4.清晰与开放的沟通； 5.分享信息和对未来的计划； 6.确立联合开发和改进活动； 7.激发、鼓励和承认供方的改进和成果	1.提高双方创造价值的能力； 2.提高对市场或顾客需求和期望的变化共同做出反应的灵活性和速度； 3.优化成本和资源

ISO 9000标准阐述了质量管理原则的一般观点，给出了这些原则的总体概貌，并表明这些原则怎样共同形成绩效改进和组织卓越的基础。

这些质量管理原则的应用可以有许多不同的方法。如何实施这些原则，取决于组织的性质及其所面临的挑战。为了成功地领导和运作一个组织，需要采用一种系统和透明的方式进行管理。许多组织发现，建立以这些原则为基础的质量管理体系，并针对所有相关方的需求，实施、保持和持续改进绩效，组织能获得成功并取得收益。

二、质量管理体系基础

（一）质量管理的基础术语

1.产品的概念

（1）产品的定义：活动或过程的结果。

产品可包括硬件产品、软件产品或它们的组合；产品可以是有形的（如组件或流程性材料），也可以是无形的（如知识或概念）或是它们的组合；产品可以是预期的（如提供给顾客）或非预期的（如污染、损坏或不愿有的结果）。

（2）产品划分为四种类型：硬件、流程性材料、软件和服务。

①硬件：不连续的具有特定形状的产品。如，制造零件、元件、组件、装配产品、机械、建筑物。

②流程性材料：将原料转化成某一预定状态的产品。如，液体、气体、线体。

③软件：通过支持媒体表达的信息所构成的一种智力创作。如，信息、程序、规则、信息。

④服务：为满足顾客的需要，供方和顾客之间在接触时的活动以及供方内部活动所产生的结果。如，旅游、交通、金融、医疗、教育、咨询、公共事业等。

任何一个组织提供的产品，通常由两种或两种以上产品组成。

2.过程的概念

（1）过程定义。

将输入转化为输出的一组彼此相关的资源和活动。资源可包括人员、资金、设施、设备技术和方法。所有工作是通过过程来完成的。

（2）过程的特征。

①任何过程都有输入和输出，输入是实施过程的基础和依据，输出是完成过

程的结果，即有形或无形的产品。如，产品设计，输入是市场需求的信息或特定的顾客的要求，输出是图样、规范、样品。

②完成过程必须投入适当的资源和活动。如，为了进行产品设计需要配备能胜任该项设计的人员和必要的设施、资金等；为了控制设计过程的质量，需要开展的活动可包括编制设计计划，进行设计评审和验证，进行样品试制和鉴定，控制设计的更改等。

③过程本身是价值增加的转换，价值的增加来源于投入过程中的资源和活动的结合所产生的结果。

④为确保过程的质量，对输入过程的信息、要求和输出的产品（有形或无形的）以及在过程中的适当阶段应进行必要的检查、评审、验证。

3.过程网络及其质量体系的关系

（1）每个组织的存在都是为了实现价值的增值，例如，从接受顾客的合同要求开始，经过组织内部的一系列过程，直到向顾客提供满意的产品。这个价值的增值是通过组织内由一系列过程构成的“过程网络”来实现的。过程网络体现了各个过程组合的结构，特别是接口关系。

（2）一般来说，过程网络的结构是相当复杂的，不是一个简单的各个过程先后顺序的排列，过程网络之所以复杂，是因为过程既存在于职能之中，又跨越职能。一个组织有很多职能，包括：战略策划、营销、产品设计、生产制造、技术管理、资源管理、培训、结算和维修等。这些职能通过各个职能部门执行。完成一个过程，既要确定一个主要的职能部门，又要确定配合的职能部门，明确规定它们之间的接口。例如，①签订合同主要是市场部门的职能，但是，为了确保合同中相关设备、软件设计、安装、调试满足客户要求，需要有其他有关职能部门的代表参加合同评审（如采供、软件、集成、品管）；②软件部阶段设计评审，为确保设计满足质量要求的能力，需要召开评审会议，由相关部门代表参与评审，必要时还要请其他专家共同评审；③完成培训过程几乎涉及所有职能部门，尤其是岗位所需的知识和技能更是需要有关职能部门直接实施。过程网络的结构既包括过程之间的接口，又包括过程之中各项活动的接口。过程在产品生产中，每道工序都要紧密配合。

（3）质量体系是通过过程来实施的。为了建立并实施一个有效的质量体系，组织应根据自身的具体情况确定有哪些过程，确定实施这些过程的活动及其相应的职责、权限、程序和资源。一个有效的质量体系不只是过程的总和，更重要的是使这些过程相互协调，并确定它们之间的接口。

4.程序的概念

程序是为进行某项活动或过程所规定的途径。（程序有管理性的和设计性的。程序是西方国家的习惯用语，中国习惯将管理性程序称为管理标准。）

质量体系程序通常都要求形成文件。程序和过程是密切相关的，质量管理通过对过程的管理来实现，过程的质量又取决于所投入的资源和活动，而活动的质量则是通过实施该项活动所采用的途径和方法予以确保，控制活动的有效途径和方法制定在书面程序或文件化程序之中。

（二）质量体系

1.质量的定义

反映实体满足明确和隐含需要的能力的特性总和。

2.质量体系的定义

为实施质量管理所需的组织结构、程序、过程和资源。

质量体系是质量管理的核心，质量方针和质量管理通过质量体系贯彻和实施。“组织”是一个集合性名词，包括公司、集团、商行、企事业单位、社团或这些单位中的一部分，“组织”是这些单位的总称。

3.质量体系和质量管理的关系

质量管理需通过质量体系来运作，即建立质量体系并使之有效运作是质量管理的主要任务。

4.资源

可包括人员、设备、设施、资金、技术和方法，质量体系应提供适宜的各项资源以确保过程和产品的质量。

（三）质量控制

质量控制是为达到质量要求所采取的作业技术和活动。

质量控制包括作业技术和活动，其目的在于监视过程并排除质量生产阶段导致不满意的原因，以取得经济效益。

质量控制的对象是整个过程，结果是使被控制对象达到规定的质量要求。

质量控制的对象是过程，如设计过程、采购过程、生产过程等，控制的结果应能使被控制对象达到规定的质量要求。为使控制对象达到规定的质量要求就必须采取适宜的、有效的措施，包括作业技术和方法。

（四）质量保证

质量保证是为了提供足够的信任表明实体能够满足质量要求，而在质量体系中实施并根据需要进行证实的全部有计划、有系统的活动。

质量保证有内部和外部两个目的。

（1）内部质量保证：在组织内部，质量保证向管理者提供信任。

（2）外部质量保证：在合同或其他情况下，质量保证向顾客或其他方提供信任。

关键在于对达到预期质量要求的能力提供足够的“信任”。在订货前建立质量保证，不是在买到不合格产品以后的保修、保换、保退。信任的依据是质量体系的建立和运行，质量体系具有持续稳定地满足规定质量要求的能力。供方规定的质量要求，包括产品的过程和质量体系的要求，必须完全反映顾客的需求，才能给顾客以足够的信任。

第四节　质量管理体系要求与体系的建立

本节着重讨论实施ISO 9001标准的积极影响、质量管理体系的建立与实施、过程方法的应用、质量管理体系文件化的要求以及绩效改进等问题。

一、ISO 9001概述

（一）定义

ISO 9001不是指一个标准，而是一类标准的统称，是由TC176（TC176指质量管理体系技术委员会）制定的所有国际标准，是ISO12000多个标准中最畅销、最普遍的产品。

ISO 9001是迄今为止世界上最成熟的质量框架。ISO 9001质量管理体系认证标准是很多国家，特别是发达国家多年来管理理论与管理实践发展的总结，它体现了一种管理哲学和质量管理方法及模式，已被世界上100多个国家和地区采用[①]。全球有161个国家/地区的超过75万家组织正在使用这一框架。ISO 9001不仅为质量管理体系，也为总体管理体系设立了标准。它帮助各类组织通过客户满意度的改进、员工积极性的提升以及持续改进来获得成功。ISO 9001国际质量管理体系标准是迄今为止世界上最成熟的一套管理体系和标准，是企业发展和成长之根本。

进入21世纪，信息化发展日渐加速，很多企业重构信息化实现了自身核心竞争力的提升，QIS质量管理信息系统已经在汽车、电子等行业全面应用和推广，为支持ISO 9001质量管理体系的电子化提供了平台支撑，并嵌入标准的QC七大手法、TS五大手册、质量管理模型，使ISO 9001质量管理系统数字化成为可能。

（二）认证的条件

ISO 9001用于证实组织具有提供满足顾客要求和适用法规要求的产品的能力，目的在于增进顾客满意。随着商品经济的不断扩大和日益国际化，为提高产品的信誉，减少重复检验，削弱和消除贸易技术壁垒，维护生产者、经销者、用户和消费者各方权益，这个第三认证方不受产销双方经济利益支配，公证、科学，是各国对产品和企业进行质量评价与监督的通行证；作为顾客对供方质量体系审核的依据；企业有满足其订购产品技术要求的能力。

ISO 9001认证企业要取得质量体系认证，主要应做好两方面的工作：一是建立健全质量保证体系；二是做好与体系认证直接有关的各项工作。关于建立质量保证体系，仍应从质量职能分配入手，编写质量保证手册和程序文件，贯彻手册和程序文件，做到质量记录齐全。与体系认证直接有关的各项工作主要做好以下工作。

（1）ISO 9001要求全面策划，编制体系认证工作计划；

① 吴宁宁.博物馆如何建立ISO 9001质量管理体系[J].中国纪念馆研究，2012，4（1）：80-86.

（2）ISO 9001要求掌握信息，选择认证机构；

（3）ISO 9001要求与选定认证机构洽谈，签订认证合同或协议；

（4）ISO 9001要求送审质量保证手册；

（5）ISO 9001要求做好现场检查迎检的准备工作；

（6）ISO 9001要求接受现场检查，及时反馈信息；

（7）ISO 9001要求对不符合项组织整改；

（8）ISO 9001要求通过体系认证取得认证证书；

（9）ISO 9001要求防止松劲思想不能倒退，继续健全质量体系；

（10）ISO 9001要求进行整改，迎接跟踪检查。

企业取得体系认证的三项关键是领导重视、正确的策划以及部门和全体员工积极参与。

（三）作用

ISO 9000为企业提供了一种具有科学性的质量管理和质量保证方法与手段，具有如下作用。

（1）可用以提高内部管理水平。

（2）使企业内部各类人员的职责明确，避免推诿扯皮，减少领导的麻烦。

（3）文件化的管理体系使全部质量工作有可知性、可见性和可查性，通过培训使员工更理解质量的重要性及对其工作的要求。

（4）可以使产品质量得到根本保证。

（5）可以降低企业的各种管理成本和损失成本，提高效益。

（6）为客户和潜在的客户提供信心。

（7）提高企业的形象，增加了竞争的实力。

（8）满足市场准入的要求。

二、实施ISO 9001标准的积极影响

（一）突出领导的作用

突出领导的作用促使组织的领导者树立科学发展观，更新经营管理理念，运用质量管理原则和原理，改进领导方式，增长领导技能，提高质量管理水平。

1.领导的作用

组织的领导者要谋求组织的宗旨和发展目标与员工个人的目标和理想一致，使员工认同组织的发展战略，形成凝聚的合力，进而共图发展，以达到最佳的管理效果。为此，领导者还应当营造使员工能充分参与实现组织目标的内部环境。

2.领导技能

组织的管理人员必须具备业务（技术）技能、人际技能和概念技能。概念技能是指综观全局，洞察组织与环境相互影响之复杂性的能力，而人际技能则是指处理人事关系，理解、激励他人并与他人共事的能力。贯彻实施ISO 9001标准，将促进领导者改善和提高其领导技能。

3.领导方式

ISO 9001标准所倡导的理念与“群体参与式”的领导方式是一致的，“全员参与”的理念，也将进一步促进领导方式从“非群体参与式”向“群体参与式”的转变或演进与改善。

4.领导的观念

ISO 9001标准吸纳了当代最新的质量管理原理和经营管理理念。“过程方法”的引入，促使组织识别过程、确定过程之间的顺序和相互关系，进而对过程进行重组和改造，从而提高组织的效率和绩效；采用目标管理，可以有效地提高组织的整体绩效；“以顾客为关注焦点”及“人力资源”等要求的实现可以通过质量管理体系提供的管理平台进行运作。ISO 9001已经成为其他管理体系的基础，因而有利于实现与ISO 14001等其他管理体系的整合。

（二）以顾客为关注焦点

以顾客为关注焦点促使组织关注顾客，以顾客为导向，设计战略（产品），策划资源。

（1）标准中的要求。以顾客为关注焦点的思想几乎渗透于ISO 9001标准的每一个章节，其中许多明确的要求无不表明对顾客的关注程度和改进质量管理体系的需要。

（2）以顾客为关注焦点，促使组织在策划其发展战略、设计开发产品和进行资源策划时，充分识别和理解顾客的需求，并与顾客进行必要的信息沟通。事实证明，唯有真正落实“以顾客为关注焦点”的措施，以顾客为导向，加强需求信息的捕获与识别，抓住发展机遇，避免顾客流失，争取潜在顾客和创造顾客，才能在竞争中取胜。

（3）以顾客为关注焦点，正确引导组织的方针、目标、价值观念和资源配置，可以改进和提高组织质量管理体系的绩效，而且还可能导致生产和服务流程的重组和优化。因为，唯有组织顺应了市场经济和顾客导向的规律，才能在竞争中取得生存和发展的空间。

（4）对顾客满意程度的监视和测量。以顾客为关注焦点，实现顾客满意，是组织经营的终极目标。ISO 9001标准明确指出顾客满意应“作为对质量管理体系绩效的一种测量”，组织应确定获取和利用这种信息的方法，规定测评顾客满意程度的要求、频次、分析、评价方法等，并考虑实施顾客满意战略（customer satisfaction strategy），不断提高顾客的满意度和忠诚度。

（三）过程方法的引入

为了产生期望的结果，由过程组成的系统在组织内的应用，连同这些过程的识别和相互作用及其管理，称为“过程方法”。过程方法的引入，促使组织充分识别并管理过程，监测过程绩效，以期获得最大的过程增值。

ISO 9001标准要求组织识别质量管理体系中的各项活动及过程，包括识别各过程的输入、输出、需用资源、监测点的设置、过程的细分，以及分析过程之间的相互关系和作用。组织在策划或评审质量管理体系时，可通过一定方式的调查或采取逆向式识别等方法，对过程进行充分识别和展开，对过程之间的相互关系进行充分剖析，还可以通过对过程绩效的评价，开展旨在优化质量管理体系适宜性和有效性的业务流程重组。

过程方法的引入，可有效避免某些重要的质量活动或过程的重要因素在策划和建立体系时被遗漏或疏忽，还可以进一步强化员工的质量意识和内部顾客（泛指下一工序/过程是上一工序/过程的顾客）意识，使组织对每一过程的输出都追求尽可能大的增值，而针对主要的质量过程建立全面的质量目标系统也将得益于对过程的充分识别和分解。

ISO 9001标准倡导以过程和PDCA循环相结合的结构形式，使各种行业、性质和规模的组织在运用标准时，都会感到适用和方便。

（四）强调“变化”

强调“变化”对组织适宜性的影响，促使组织运用“环境分析”方法，增强应对挑战和把握市场机遇的能力。

（1）由于经济全球化、贸易自由化和社会分工的细化，环境变化越发加速，越发难以识别、预测和把握，而且任何组织都比以往任何时候更加依赖于环境。环境是一个相当广义的概念，如政策、法律法规、经济、地域、消费倾向、竞争对手、组织战略、企业文化、资源、程序等都是构成环境的要素，而组织外部的所有因素都对组织的经营环境、经营体系以及发展方向产生重要的动态影响，是任何组织所不容忽视的。

（2）ISO 9001标准按照过程方法规定了管理评审的输入和输出，并提出了“变化”“改进”等概念，对质量管理体系的“适宜性”规定了明确的内在含义。在ISO 9001标准的框架下，组织能够在评审质量管理体系的适宜性时，进行组织环境的识别、分析和预测，通过对组织经营环境的分析和体系适宜性的评审，能够帮助组织调整方针、目标，对体系中的不适应环境的部分做出及时的调整和响应，使质量管理体系的持续改进成为可能。组织与环境的关系是一种互动的识别、适应和变革的关系。

（五）目标管理理论

借鉴目标管理理论，在各相关职能和层次上建立可测量的质量目标，促进组织明确战略、员工明确职责和目标，优化资源的配置和组织结构。

组织建立的质量目标应形成系统，防止流于形式、不适用或内容缺失、缺乏可测量和可评价性，切忌在体系的实施运行中将质量目标束之高阁，不进行适时的监控。

目标管理的思想注重控制和协调，而且几乎涉及所有的管理领域，但目标管理并不是一套独立的管理系统，而是可以统御组织所有管理工作的一套管理体制，它可以与其他管理活动相辅相成，以达到更好的效果。

（六）数据分析

数据分析与基于事实的决策方法，促使组织重视信息和数据的确定、收集、分析，以便做出更加科学的决策。

通过数据分析，对质量和运行绩效的趋势与实现目标的进展进行比较，并形成措施，以便确定解决与顾客相关问题的优先顺序；确定与顾客相关的关键趋势和相互关系以支持状况评审、决策和长期策划；提供有关顾客满意、与产品要求的符合性、过程和产品的特性及趋势，并支持信息系统；同时，将数据与竞争对手或适用的基准进行比较。为此，组织应建立并完善管理信息系统（Management Information System，MIS），引入统计过程控制（Statistical Process Control，SPC），为正确决策提供事实依据，以降低决策风险、避免失误。

（七）强调沟通

强调内部沟通及顾客沟通，促使组织重视职能和顾客接触点的识别与管理。

包括内部和外部（顾客及相关方）的信息沟通，是对质量信息进行获取、理解和确认的重要职能。为此，组织应确定有效的沟通过程和方式，明确规定各项沟通的方式、渠道、内容、职责和载体，及时沟通必要的信息（包括数据），以达到减少、避免错误和使顾客满意的目的。

（八）人力资源管理

充分开发人力资源，将人力作为资源进行管理，把培训作为一种战略性投资，全面进行规划、培养和评价人力资源。

“人力资源管理”的概念充分体现了知识经济时代对人才作为组织资本（也称为“知识库”）和资源的高度重视。标准强调从事影响产品质量工作的人员应是能够胜任的，必须确定从事影响产品质量工作人员所必要的能力并实施有效性评价，应该从教育、培训、技能和经历四个方面具体规定各岗位人员的能力要求，并可将其作为培训策划和招聘、内部调配的依据。

组织还应该有一个激励员工实现质量目标、开展持续改进和建立促进创新环境的过程，包括在整个组织内增强质量和业务的意识，同时还应评估员工对于所从事活动的相关性和重要性，以及如何为实现质量目标做出贡献的认识程度。

对人力资源的管理要求，将促进组织在更高的高度，更全面地策划、开发、配备、培养、评价人力资源，以满足持续改进体系有效性对人力资源提出的不断更新的要求。

以上所述有助于理解ISO 9001标准，强调发挥“领导作用”，旨在更新经营理念，提高管理水平；“以顾客为关注焦点”，促使组织对顾客给予高度关注并努力提升顾客满意程度；由于组织与组织之间越来越普遍地存在着互为顾客的关系，因此，将促进全社会整体质量的管理进入良性循环的轨道。采用“过程方法”，有助于提高组织的资源利用率和体系运行的有效性。对目标管理和人力资源的重视，促使组织营造员工自我控制，以人为本、尊重人才、发展人才的文化氛围，提高文明程度，激发员工的积极性和创造性。强调数据分析，要求以事实为决策依据，将在很大程度上促使组织重视信息管理系统等基础建设，加强沟通，降低决策风险。对各种环境变化因素对组织的质量管理体系影响的重视，可使组织快速感知、响应环境变化，实现可持续发展。

三、质量管理体系的建立与实施

（一）质量管理体系的设计和实施的影响因素

一个组织质量管理体系的设计和实施受下列因素的影响。

（1）组织的环境、该环境的变化以及与该环境有关的风险；

（2）组织不断变化的需求；

（3）组织的具体目标；

（4）组织所提供的产品；

（5）组织所采用的过程；

（6）组织的规模和组织结构。

（二）ISO 9001标准的正确应用

正确应用ISO 9001标准的关键在于以下四点。

1.确定产品和供应链

产品和供应链决定质量管理体系的范围、方向、过程及过程顺序和相互关系。因此，建立质量管理体系首先要确定供应链。组织的产品范围如何、产品特征如何、顾客是谁、供方是谁等问题应通过识别予以确定。

2.识别过程

当组织确定产品之后，应识别所需的过程。通过识别、联结质量管理所需的诸过程并将它们整合成系统的方式予以体现，不仅仅是对质量管理体系所需的过程，而且还应包括对所需的其他过程都要有一个清晰的理解，最好是采用系统图、过程图、流程图的形式进行表述。

3.合理删减

ISO 9001标准规定的所有要求是通用的，旨在适用于各种类型、不同规模和提供不同产品的组织。由于组织及其产品的性质导致该标准的任何要求不适用时，可以考虑对其进行删减。

如果进行删减，应仅限于该标准第7章的要求，并且这样的删减不影响组织提供满足顾客和适用法律法规要求的产品的能力或责任，否则不能声称符合ISO 9001标准。

4.统一认识，正确理解标准含义

立足本组织实际，正确理解标准含义，统一认识，必须充分关注以下方面。

（1）贯彻质量管理8项原则，确定本组织建立、实施和改进质量管理体系的基本目标与方法。

（2）遵循质量管理体系要求、过程方法原则和PDCA循环的思路，识别有关“策划、能力、评审、确认、保持、记录”等相互联系的活动及保持PDCA循环痕迹的具体要求。

（3）对质量管理体系的文件要求，在确保其过程能得到有效策划、运行和控制的前提下，由组织根据需要决定。

（4）强化对顾客满意、最高管理者、满足法律法规要求、质量方针与目标、内部沟通、人员能力与培训有效性、数据分析与持续改进等的要求。

（三）ISO 9001质量管理体系的建立与实施

1.建立、实施ISO 9001质量管理体系的作用

组织按ISO 9001质量管理体系要求建立、实施质量管理体系，必能在下列方面体现质量管理体系所发挥的作用。

（1）有助于实现组织的生产经营目标。

（2）实现对产品或服务提供过程的系统管理——提供对产品或服务技术规范的补充和保证。

（3）证实质量保证能力并为质量保证的有效性提供证据——保护组织和顾

客双方利益的重要手段。

一个完善的质量管理体系应使组织和顾客双方的利益都得到保护，使顾客的期望得到满足。双方对需求、利益、成本和风险的考虑如表5–3所示。

在质量管理体系的建设中，必须特别强调以下几点。

（1）强调质量策划，管理以预防为主。

（2）强调满足顾客对产品质量的要求及符合适用法律法规要求。

（3）强调过程方法，实现过程增值。

（4）强调持续改进。

（5）强调兼容管理、发挥全面质量管理的作用，实现整体优化。

表5–3　组织与顾客对需求、利益、成本和风险的考虑

考虑方面	组织	顾客
需求	在经营中需以最佳成本达到和保持期望的产品或服务的质量。为此，必须有效利用组织的资源	要求组织具备保证所提供的产品或服务符合要求的能力，并始终保持其质量保证能力
利益	利润增长和市场占有率	减少费用，提高产品适用性和对产品或服务的满意度，增强信任
成本	由于销售和设计问题，不满意的物资及返工、返修、更换、报废、退赔和现场修理等发生的费用支出	安全性、购置费、产品的运行及保养、停机时间、修理及可能处理等所需的费用
风险	因产品缺陷导致信誉下降。产品滞销、顾客抱怨、投诉、索赔、责任及人力和资源的损失	对人身健康、安全与环境的影响，可用性及最终消费者对产品的不满而引起的市场索赔、丧失信任等

2.为建立、实施ISO 9001质量管理体系应包括的步骤

（1）识别所要达到的目标。

（2）识别其他相关方要求。

（3）获取有关ISO 9000系列的信息资料。

（4）在管理体系中应用ISO 9000系列标准。

（5）获取质量管理体系的指南。

（6）明确现状及现行质量管理体系与ISO 9001要求之间的差距。

（7）确定向顾客提供产品所需过程。

（8）贯彻执行计划。

（9）定期进行内部评审。

（10）是否需要证实符合性。（可能有几种目的，诸如合同要求；向市场做解释或顾客需要；强制性要求；风险管理；为内部质量改进设置明确的目标。）

（11）进行独立的审核。

（12）持续改进业务（审核质量管理体系的有效性和适宜性。ISO 9004提供了绩效改进的方法论）。

3.质量管理体系的运行控制机制

质量管理体系的实际效能必须通过对其运行过程的控制才能实现，包括依靠体系的组织结构进行的组织协调、质量监控、质量信息、质量管理体系审核和评审等。

（1）组织协调。

质量管理体系是根据管理职责、通过组织与协调来运作的。质量管理体系的运行涉及组织内部几乎所有部门的质量活动，活动的内容、途径和顺序，都必须在目标、分工、时间和沟通方面协调一致，并对接口进行控制，以保持体系的有序性。体系在运行过程中发现问题需采取纠正或改进措施时，也需要进行组织与协调。因此，如果没有组织和协调工作，质量管理体系就不能正常工作。

（2）质量监控。

质量管理体系在运行过程中的质量监控，是为了确保实体的符合性的活动，是确保体系正常运行的必要手段。它的任务是对实体进行连续的监视、验证和控制，发现偏离要求的问题，及时反馈，以便采取纠正措施。监控包括本组织自身进行的内部质量监视和控制两种，以及由第二方或第三方进行的外部质量监督。第二方的监督仅在合同环境下进行。当有关法律对组织的产品质量体系有要求时，第三方也将实施质量监督。

（3）质量信息。

为提高管理的科学性、有效性和及时性，必须建立一个现代化的信息管理系统，其功能在于全面、准确、及时、有效地获取质量信息，保证质量管理体系持续正常地反馈和处理，进行动态控制，使各项质量活动和产品质量处于受控状态。

质量信息管理与质量监控、组织和协调工作是紧密联系在一起的。异常信息一般来自质量监控，信息的处理则有赖于组织协调工作。三者的有机结合，是质量管理体系有效运行的基本保证。

（4）质量管理体系审核和评审。

组织按策划的时间间隔进行的质量管理体系审核和管理评审，是质量管理体系的自我完善手段。在审核中，应对质量管理体系改进的机会和变更的需要，包括质量方针和质量目标进行评价，确保质量管理体系的适宜性、充分性和有效性，对运行中存在的问题采取纠正、改进措施，提高体系的有效性和效率。

组织应根据具体情况分别建立组织协调、质量监控、质量信息管理、质量审核和评审的子系统，并加以有机结合，将各项活动分配并落实到各有关部门和岗位，建立接口和程序，确保质量管理体系的有效实施。

（5）记录和考核。

质量管理体系的运行要有充分的证据予以证实。因此，对上述策划、组织和协调、质量监控、质量信息管理、质量管理体系审核和评审等的过程和结果，都要及时、准确地进行记录，作为考核的证据。

四、过程方法与PDCA循环的应用

（一）过程方法

ISO 9001标准鼓励在建立、实施质量管理体系以及持续改进其有效性时采用过程方法，通过满足顾客要求，增强顾客满意。

为使组织有效运作，必须应用过程方法，系统地识别质量管理体系所需诸过程的作用、特点和顺序，系统地管理诸过程，包括策划、建立、连续控制和持续改进，使过程输入规定要求和资源、转化活动和输出结果受控，且过程网络衔接有序、作用相成，以确保诸过程和质量管理体系持续有效运行，满足规定要求和顾客要求，增强顾客满意。过程方法在质量管理体系中应用时，强调以下方面的重要性：

（1）理解并满足要求；

（2）需要从增值的角度考虑过程；

（3）获得过程绩效和有效性的结果；

（4）基于客观的测量，持续改进过程。

过程方法是一种对如何使活动为顾客和其他相关方创造价值进行组织和管理的有力方法，其目的在于谋求持续改进的动态循环，使组织特别是在产品和业务的绩效、有效性、效率和成本方面得到显著的收益。

过程方法通过识别和确定过程，并在明确过程之间的相互影响和作用的基础上，将过程构成网络，进而将过程网络构成系统，实施系统的管理和控制，以期实现过程和系统的整体目标。

过程方法鼓励组织不仅要对质量管理体系所需的过程，还要对其所有的过程都要有一个清晰的理解。过程包含一个或多个将输入转化为输出的活动。输入和输出通常是有形或无形的产品。为了执行过程中的活动，必须提供适当的资源。测量系统可以被用来收集为了分析过程绩效和输出、输入特征的信息和数据。

关于增值活动（valued-added activities），是指只有顾客愿意花钱购买的活动才是增值的。而在组织中，典型的不增值活动通常可分为以下7种。

（1）过量生产的无效劳动。

（2）库存的浪费。

（3）加工本身的无效劳动和浪费。

（4）动作上的无效劳动。

（5）制造次品的无效劳动和浪费。

（6）等待的时间浪费。

（7）搬运的无效劳动。

（二）PDCA循环

策划、实施、检查、改进方法（PDCA方法）是确定、实施和控制纠正措施及改进的有效方法。

ISO 9001标准指出，PDCA循环的方法可适用于所有过程，组织在运用过程方法的实践中，对已识别的任何过程都应按PDCA循环模式实施控制（无论是高层战略过程，还是简单的运作活动）。

五、质量管理体系的文件化要求

（一）ISO 9001标准关于文件化要求

ISO 9001标准在质量管理体系文件方面要求实现两个重要的目标：制定一个针对小型以及中型和大型组织的简化的标准，并且，对于所需文件的数量和详略程度与组织过程活动所期望的结果更加相关。

由于ISO 9001标准允许组织在选择对其质量管理体系形成文件的方式上有更多的灵活性，因此，使每个组织能够为证明有效地策划运作和控制其过程，以及对其质量管理体系的实施和持续改进，制定需要的最少数量的文件。同时，特别强调，ISO 9001要求建立、实施一个适用的“形成文件化质量管理体系”，而不是庞杂的“文件体系”。

质量管理体系文件应包括以下方面。

（1）形成文件的质量方针和质量目标。

（2）质量手册。

（3）标准所要求的形成文件的程序和记录。

（4）组织为确保其过程的有效策划、运行和控制所需的文件，包括记录。

“形成文件的程序”，是指要求建立该程序，形成文件，并加以实施和保持。一个文件可包括对一个或多个程序的要求。一个形成文件的程序的要求可以被包括在多个文件中。

不同组织的质量管理体系文件的多少与详略程度取决于以下方面。

（1）组织的规模和活动的类型。

（2）过程及其相互作用的复杂程度。

（3）人员的能力。

文件可采用任何形式或类型的媒介。

ISO 9001标准要求组织对以下6个过程活动必须有“形成文件的程序”，即：

（1）文件控制。

（2）记录控制。

（3）内部审核控制。

（4）不合格品控制。

（5）纠正措施控制。

（6）预防措施控制。

不能认为所有的组织形成上述6个程序文件就足够了，因为标准中还有多处使用了“规定”“建立”“形成文件”“准则”“方法”之类的词语，组织应根据需要考虑是否对此形成相应的文件。

同时，还应将程序和程序文件这两个概念加以区别。所有的过程都必须有程序，程序为进行某项活动或过程规定了途径，但并不是所有的程序都需要文件化，当组织的人员能够确保某些程序有效实施时，可以不必形成文件，而采取口头程序或约定俗成的方法。

总而言之，为了证明符合ISO 9001标准，组织必须能够提供其质量管理体系已经有效实施的客观证据。

（二）ISO 9001标准关于文件控制要求

应对质量管理体系所要求的文件予以控制。所需的控制包括以下几种。

（1）文件发布前得到批准，以确保文件是充分与适宜的。

（2）必要时对文件进行评审和更新，并再次批准。

（3）确保文件的更新和现行修订状态得到识别。

（4）确保在使用处可获得适用文件的有关版本。

（5）确保文件保持清晰、易于识别。

（6）确保外来文件得到识别，并控制其分发。

（7）防止作废文件的非预期使用，若因任何原因而保留作废文件时，对这些文件进行适当的标识。

文件可采用任何形式或类型的媒体。记录作为一种特殊类型的文件，也应进行控制。

建立并保持记录，以便为符合要求和质量管理体系的有效运行提供证据。记录应保持清晰、易于识别和检索，并规定记录的标识、贮存、保护、检索、保存期限和处置所需的控制。

随着计算机网络的发展，多数组织建立了计算机内部网，应在OA（办公自动化）上建立并逐步完善其文件控制系统。将文件控制要求转化为计算机信息，进行文件的网上制定、修改、审批和发放。实现无纸化办公，具有自动记录有效文件清单及文件的近次修改或换版情况，便于查阅执行文件和作废文件、统一规范文件格式及确保文件的唯一性等优点。

第五节　质量改进

一、基本概念

（一）定义

对现有的质量水平在控制和维持的基础上加以突破和提高，将质量提高到一个新的水平，该过程便称为质量改进。在ISO 9000：2008标准中关于质量改进是这样定义的："质量管理的一部分，致力于增强满足质量要求的能力。"

我们从有关质量管理的概念来进一步理解质量改进的内涵。

（1）质量改进是质量管理活动的组成部分，质量改进的范围十分广泛、内容丰富，它贯穿于质量管理体系的所有过程中（包括大过程及子过程），包括管理职责、资源管理、产品实现、测量分析过程的改进，以及产品、过程、体系的改进。

（2）质量改进的作用是努力增强满足质量要求的能力。这与质量控制的作用不同，质量控制的作用是努力满足质量要求，按照事先规定的控制计划和依据既定的标准对质量活动进行连续监控，随时发现和评价偏差，及时地采取纠正措施，消除偶发性缺陷，使质量活动恢复到正常状态。而质量改进是致力于增强满足质量要求的能力，即意味着质量改进必须从未知的领域探索新的活动，去替代或改变原来被认为正常的状态，突破原来的质量水平，达到新的质量水平。因此，质量改进是清除系统性的问题，质量改进的性质是创造性的，质量改进的过程是质量突破的过程。

（3）质量改进以有效性和效率作为质量改进活动的准则。因此，质量改进活动应进行策划，制定具体的改进目标值，有质量改进活动的具体措施、手段、实施计划，对质量改进结果能对照策划目标进行评价，以证明质量改进活动是有效的。实施质量改进所投入的资源（人力、物力等）得到了一定程度的回报。

（4）质量改进要持之以恒，持续改进是指增强满足要求的能力的循环活动，持续改进是贯彻ISO 9000：2008标准的核心，是一个组织的永恒主题，有了持续改进才会最终满足顾客日益增长的要求和期望，才能使质量管理体系动态地提高以确保生产率的提高和产品质量改善。

（二）质量改进的重要性

市场竞争的焦点是质量竞争，质量改进的重要性关系到企业参与市场竞争的成败。

1.质量改进是永葆名牌的秘诀

不断根据用户（顾客）的需求和潜在期望适时地进行改进，使名牌产品始终领先一步，适合用户对适用性的要求。

2.质量改进是新品开发的坚实基础

开发适销对路、用户（顾客）满意的新产品去占领和扩大市场也是重要的市场竞争策略之一。一个新产品投放市场还得依靠新的内部管理方法、新的过程控制、新的促销策略和建立新的供需关系做后盾。所有的“新”都离不开质量改进。

3.质量改进是提高效率的根本途径

依靠质量改进来改变管理程序、工艺方法和装备、服务的方式方法等，只有巧干才能获得持久的高效率。

4.质量改进是降低成本的生财之道

提高质量改进把经常性缺陷造成的损失成本降下来，对降低质量成本的效果是长久的。

5.质量改进是挖掘潜力的无穷源泉

质量改进的机会存在于生产经营的每个阶段、每个领域、每项活动，可以涉及企业的每个部门、每个员工。质量改进是无止境的，它正好适应用户（顾客）无止境的需求和期望，正好适应无止境的市场竞争。只要持续地开展质量改进，它将成为挖掘企业潜力、适应市场竞争的无穷源泉。

二、质量改进的程序

（一）质量改进的策略

目前世界各国均重视质量改进的实施策略，方法各不相同。美国麻省理工学院Robert Hayes教授将其归纳为递增型和跳跃型两种。

（1）递增型质量改进是将质量改进列入日常工作计划中去，课题不受限制，发动全体员工，结合自己的工作，采取一系列小步骤的改进活动，提高有效性和效率，是组织内人员进行的改进。

（2）跳跃型质量改进是指重大项目改进或对现有过程进行修改或改进，实施过程达到特定目标。一般需由领导做出决策，集中人力、物力和时间，由日常运作之外的跨职能人员完成。

（二）质量改进项目的识别和确定

质量持续改进的项目来源是通过对质量管理体系各过程输出的数据及定期的测量和评估的信息来发现改进的机会。

（1）与产品质量有关的数据，如质量记录、产品不合格信息、内外部故障成本等提供的数据，产品或服务的质量目标值的优化应确定为改进项目。

（2）与顾客要求和期望有关的数据，如顾客要求或期望的信息、顾客投诉、顾客满意度的数据、服务提供的信息等。顾客的需求和期望，应确定为改进项目。

（3）与体系运行能力有关的数据，如过程运行的测量监视信息、产品实现过程的能力、内外部审核的结论、管理评审输出、生产率、交货期等提供的数据。过程的改进和生产率的提高、成本控制和优化、员工的合理化建议被采纳后均应确定为改进项目。

（4）竞争对手、供方和政府部门及市场有关数据。

三、质量改进活动的实施和支撑工具

（一）质量改进活动的实施

质量改进是一种以追求更高的过程效率和效果为目标的持续改进活动，质量没有最好，只有更好，质量改进的宗旨就是永远追求更好，因此改进活动是永无止境的。对于质量改进的活动过程，许多著名的质量专家都有论述。例如：朱兰博士的质量改进7个步骤（见《朱兰的质量改进方法》）；美国质量专家克劳斯比的质量改进14个步骤；前任美国质量管理协会主席哈林顿的改进质量的10项活动等，对于质量改进活动的开展都有很好的指导价值。但从方法论的角度来看，质量改进活动的过程可用“PDCA循环”来表达和指导。

PDCA循环是开展质量改进活动的科学工作程序，可应用于任何实体的质量改进活动。PDCA循环在开展全面质量管理活动中的指导价值已为国内外质量管理实践所证实。关于PDCA循环的概念和实施详见第六章第四节。

（二）质量改进活动中的支撑工具

质量改进活动的支撑工具主要有两类，一类是适用于数字数据的工具，即统计技术；另一类是用于非数字数据的工具，即科学分析技术。进行质量改进活动的支撑工具有很多，关键在于因地制宜、灵活应用。

四、业务流程重组

本节前部分叙述了质量改进的基本概念和一般操作程序，是从微观上较为具体地介绍质量改进。由于在近10年的质量活动中，新的质量管理理念和方法不断涌现，质量改进的含义已经逐渐从宏观上涵盖了经营业绩的提升。下面对业务流程重组BPR（Business Process Reengineering）作简单的介绍。

（一）BPR的概念

在日本兴起了一种被称作改善（kaizen）的管理哲学，结果带来了日本工业的巨大复苏。“改善”的原意是每个人总是在不断地改进着每一件事。在西方，日本的改善文化逐渐演变成了TQM（全面质量管理）和ISO 9000运动。到了20世纪80年代，许多大公司，特别是美欧一些大公司开始认识到这种连续的改善对企业适应新的环境变化是远远不够的。同时，信息技术的发展也为彻底的改善提供了有利条件。

BPR（Business Process Reengineering）即业务流程重组是20世纪90年代由美国MIT教授哈默（Michael Hammer）和CSC管理顾问公司董事长钱皮（James

Champy）在他们合著的《公司重组——企业革命宣言》一书中首先提出的。书中对BPR做了如下定义：“BPR是对企业的业务流程做根本性的思考和彻底重建，其目的是在成本、质量、服务和速度等方面取得显著的改善，使企业能最大限度地适应以顾客（customer）、竞争（competition）、变化（change）为特征的现代企业经营环境。”

BPR定义可归纳为4个关键词，即“根本的”“彻底的”“显著的”和“流程”，它们分别包含了4个核心理念。其中最重要的概念是“流程”，即企业改造的对象是企业过程。流程强调的是工作如何进行而不是工作是什么。这一点与传统观念有着根本的区别。亚当·斯密的观点是：把工作分解成若干极其简单的任务，把每一种任务交给专门的人员去做。这种以任务为基础的思路，在过去200年里成为企业组织机构设计的基本依据。而今，管理的思路已经开始出现转变，转向以过程为基础。过程管理的思想是BPR的最大贡献。

此外，“根本的”是指在着手重建之前，先提出一些最基本的问题：为什么我们要干这项工作？为什么我们要这样干？提出这些基本问题，会促使人们去观察注意工作时所困扰自己的那些规则和前提，结果人们往往会发现这些规则已经是过时的、错误的或不适当的。所以，“根本的”含义是不以现有的事物为起点，任何事物都不是理所当然的，它并不注重事情“现在是”怎样，而是注重事情“应该是”怎样。

其次是“彻底的”。彻底的重新设计是指：要从事物的根本着手，不是对现有事物作表面的变动或是修修补补，而是把旧的一套抛到九霄云外。

还有“显著的”意思是：BPR不只求业绩上取得点滴的改善或逐步地提高，而是要在经营业绩上取得显著的改进。点滴的改进只需要微调，而显著的改进则需要破旧立新。

BPR是近年国外管理界在TQM（全面质量管理）、JIT（准时生产）、WORKFLOW（工作流管理）、WORKTEAM（团队管理）、标杆管理等一系列管理理论与实践全面展开并获得成功的基础上产生的，是西方发达国家在20世纪末，对已运行了近200年的专业分工细化及组织分层制的一次反思及大幅度改进。

BPR的主要特性有：①强调顾客满意；②使用业绩改进的量度手段；③关注更大范围的、根本的、全面的业务流程；④强调团队合作；⑤对企业的价值观进行改造；⑥高层管理者的推动；⑦在组织中降低决策的层级。

（二）方法与步骤

BPR也是一种管理理论，有自己的方法、技术和工具。BPR是从流程的层面切入，关注流程增值性/效率等问题。主要方法如下。

渐进改良法——渐进型的 BPR 是由哈林顿提出的，即分析理解现有流程，在现有流程的基础上进行改进并建立新的流程。其采用的方法是将现有的过程模型化，分析找出改进的机会。模型化所有的技术有流程图、软件系统的后事记录、角色活动图等。然后用运行和维护过程成本计算及头脑风暴等方法确定改革措施。

全新设计法——激进型BPR是由哈默和坎彼提出的，从根本上考虑产品或服务的提供方式，在一张白纸上重新设计流程。这种方式常用于迫切需要改进的情况。这是一种由上至下的推动方式，关键是去“设想”一种能使竞争能力获得突破的思想过程，经常采用里奇图和角色扮演来模拟新设想并大量使用信息技术等方式来实施必要的改进。

BPR定量的技术方法及工具主要有价值分析法、关键成功因素（CSF）法及约束法等；定性的方法就是ESIA，即清除（eliminate）、简化（simply）、整合（integrate）、自动化（automate）。

BPR作为一种重新设计工作方式、设计工作流程的思想，是具有普遍意义的，但在具体做法上，必须根据本企业的实际情况来进行。

第六章　质量审核和质量认证

第一节　质量审核概念和程序

质量审核是在市场经济发展的过程中，随着质量管理而发展起来的。ISO 9000族国际标准的发布实施，将质量审核推到了一个新的阶段。目前，质量审核已成为组织质量管理体系正常有效运行的重要手段。

一、质量审核的内涵

（一）质量审核的定义

审核是指对某项工作进行独立的审查，即由与被审核无直接责任关系、具有相应资格的人进行的一种检查活动。在ISO 9000：2008标准中，审核（audit）定义是："为获得审核证据并对其进行客观的评价，以确定满足审核准则的程度所进行的系统的、独立的并形成文件的过程。"审核的过程是寻找组织的各项活动符合要求的证据的过程。

审核准则（audit criteria）的定义是："用作依据的一组方针、程序或要求。"ISO 9001：2008质量管理体系要求是内审、外审的主要准则，另外组织的质量方针、质量目标、质量承诺等也是重要的审核准则，它们一般反映在质量管理体系文件（质量手册和程序等）中，但也可以以其他形式存在；适用于组织的相关法律法规和其他要求也是内审、外审的重要审核准则。

质量审核是在企业系统内开展的一种质量监督活动，是指为满足用户使用要求，以产品、工序和体系为目标，通过独立的、公正的、系统的评定，判断交货产品质量，考核工序适应性和评定体系的有效性，以便及时暴露问题，改进工作，增强质量保证体系的自身保证能力而开展的企业内部的监察活动。

质量审核有狭义和广义之分。狭义的质量审核是对产品的审核。它从用户使用的观点出发对产品定期进行复查，以判断能否符合用户的需求并提出改进产品质量的建议。

广义的质量审核称质量管理审核，这是对企业的质量方针、质量目标、质量计划和产品进行监督检查，对各部门执行质量职能活动的情况进行评价、鉴定并提出改进意见。

质量审核是一个有序的活动，它包括：①由企业评价自己的质量活动；②由企业评价其供应者、经营者和代理人等的质量控制活动；③由管理机构判断其所管单位的质量控制活动。

质量审核的范围一般包括以下几个项目：①质量方针、目标的审核；②质量计划的审核；③产品审核。

（二）质量审核的原则

为确保审核的有效性和效率，质量审核要遵循审核的独立性、客观性和系统方法3个核心原则。

1.独立性

指执行审核的机构和审核人员具有独立性，依据审核准则进行客观的评定，得出客观的结论，而不应该掺杂任何主观意愿、主观臆想，更不能根据主观想象来得出结论。

2.客观性

审核员应采用正当手段获得客观证据，并在此基础上形成审核证据。审核应对收集的审核证据对照审核准则进行客观评价。审核是一个形成文件的过程，包括审核计划、检查表、现场审核记录、不符合报告、审核报告、首末次会议记录等。通过文件形成以确保审核的客观性。

3.系统方法

审核包括文件审核和现场审核两个方面，在文件审核符合的情况下，才能进行现场审核。

审核包括符合性、有效性和达标性3个层次。符合性是指质量活动及其有关结果是否符合审核准则；有效性是指审核准则是否被有效实施；达标性是指审核准则实施的结果是否达到预期目标。

（三）质量审核的分类

质量审核可分以下几类。

1.产品质量审核

产品质量审核是对最终产品的质量进行单独评价的活动，用以确定产品质量的符合性和适用性。产品质量审核通常由质量保证部门的审核人员独立进行。

2.过程（工序）质量审核

过程（工序）质量审核是独立地对过程（工序）进行质量审核，可以对质量控制计划的可行性、可信性和可靠性进行评价，过程（工序）进行质量审核可从输入、资源、活动、输出着眼，涉及人员、设备、材料、方法、环境、时间、信息及成本8个要素。

3.质量管理体系审核

质量管理体系审核是独立地对一个组织质量管理体系所进行的质量审核。质量管理体系审核应覆盖组织所有部门和过程，应围绕产品质量形成全过程进行，通过对质量管理体系中的各个部门、各个过程的审核和综合，得出质量管理体系符合性、有效性、达标性的结论。

4.多管理体系结合审核

多管理体系结合审核是组织按质量管理（ISO 9001）、环境管理（ISO 14001）、职业健康安全管理（OHSAS18001）、食品安全管理（ISO 2200）等标准要求，建立、实施多管理产品质量审核，是对最终产品的质量进行单独评价的活动，用以确定产品质量的符合性和适用性。产品质量审核通常由质量保证部门的审核人员独立进行。

5.第一方审核

第一方审核是组织对其自身的产品、过程或质量管理体系进行的审核。审核员通常是本组织的，也可聘请外部人员。通过审核，综合评价质量活动及其结果，对审核中发现的不合格项采取纠正和改进措施。

6.第二方审核

第二方审核是顾客对供方开展的审核。

7.第三方审核

第三方是指独立于第一方（组织）和第二方（顾客）之外的一方，它与第一方和第二方既无行政上的隶属关系，也无经济上的利害关系。由第三方具有一定资格并经一定程序认可的审核机构派出审核人员对组织的质量管理体系进行审核。

（四）质量审核的特点

成功的质量审核应具有以下几方面的特点。

（1）质量审核是从客户的立场出发，按一定的标准和要求进行的系统的、独立的、有计划的检查、验证和评价活动。

（2）可以根据需要由企业自己来进行，或者由企业外部的人员和组织来进行，但无论采用何种形式都必须有独立的“第三方”直接参与。

（3）质量审核的间隔期一般是事先规定的；有时也不按规定的时间进行审核。

（4）质量审核的报告和文件，应尽量用数字形式定量表示，或用定性与定量数据写出总结性文件，用以表示质量改善或变化的趋势，对照绩效标准进行评估。

（5）质量体系审核的对象通常包括质量体系、过程质量、产品质量等。

二、质量审核的构成

（一）质量审核的委托方

质量审核的委托方是要求质量审核的组织或人员。

从国内外质量审核工作的实践来看，提出要求的组织或人员可以是但不一定是接受审核的组织或人员自身。

（1）对第一方质量审核而言，某组织或个人希望通过自己的审计师或雇佣人员进行内部质量审计，按照自己选定的质量体系或产品服务规范，对自己的质量体系或产品与服务进行审核，该组织自身就是委托方。

（2）在第二方质量审核中，为满足顾客要求及保护组织自身的利益，在众多可以选择的供方中挑选合格的供应商，由组织自己的审核员或委托外部代理机构代表组织对供方的质量体系标准或产品与服务规范进行审核，这里的组织及顾客就是委托方。

（3）由与第一方、第二方无商业利害关系的授权考察某一组织质量体系是否对其所提供的产品或服务实施了质量管理控制的独立机构（如食品、医药、核能或其他管理机构），一般是指国家行政主管部门或其授权的管理机构。

（二）受审核方

受审核方即被审核的组织，是指具有自身的职能和行政管理的公司、集团公司、商行、企业、事业单位、社团或其一部分。

在内部质量审核中，受审核方为审核内容涉及的机构或部分。在第二方审核时，受审核方是供方组织。在第三方审核（认证）时，受审核方是申请认证的组织。

（三）审核员

审核员是有能力实施审核的人员。从事质量审核的人员必须符合两点，即资格和授权。资格是指质量审核员需经专门培训并经鉴定能胜任审核服务的人员。授权是指质量审核员必须由审核的工作机构（或评定机构）聘用、注册。内部质量审核的质量审核员可以由企业的最高管理者授权。

由于审核过程的可信度取决于审核人员的能力，首先，一名审核员应具备以下个人素质。

（1）有道德，即公正、可靠、忠诚、诚实和谨慎。

（2）思想开明，即愿意考虑不同意见或观点。

（3）善于交往，即灵活地与人交往。

（4）善于观察，即主动地认识周围环境和活动。

（5）有感知力，即能本能地了解和理解环境。

（6）适应力强，即容易适应不同情况。

（7）坚韧不拔，即对实现目的坚持不懈。

（8）明断，即根据逻辑推理和分析及时得出结论。

（9）自立，即在同其他人有效的交往中独立工作并发挥作用。

其次，要成为一名审核员还必须具备必要的工作经历、经过培训并被证实具备实施审核所需的应用知识和技能的能力。

（四）审核组

通常任命审核组中的一名审核员为审核组组长。审核组可包含实习审核员，在需要时可包含技术专家。观察员可以随同审核组，但不作为其成员。审核组组长除了具备一名审核员的素质和能力外，还应当具有附加的知识和技能，包括：策划审核以及在审核过程中，有效地利用资源；代表审核组与委托方和审核组进行沟通；组织和指导审核组成员；领导审核组获得审核结论；预防并解决冲突；编制并完成审核报告。

（五）实施质量审核

审核过程包括审核方案；审核活动；编制、批准、发放审核报告；完成审核保存文件及实施跟踪审核等。

三、质量审核的程序

（一）审核方案

需要实施质量审核的组织首先要制订一个有效的审核方案。审核方案是“针对特定时间段所策划，并具有特定目的的一组（一次或多次）审核”。制订方案的目的是策划审核的类型和次数，识别并提供实施审核所必需的资源。

（二）审核活动

审核活动包括启动审核、文件评审、现场审核至实时跟踪审核等内容。

（1）启动审核。包括指定审核组组长，确定审核目的、范围和准则，确定审核的可行性，选择审核组，与受审核方建立初步联系。

（2）文件评审的实施。包括评审相关管理体系文件，记录并确定其对审核准则的适宜性和充分性。

（3）现场审核活动的准备。包括编制审核计划、审核组工作分配、准备工作文件。

（4）现场审核活动的实施。包括举行首次会议、审核中的沟通、向导和观察员的作用和职责、信息的收集和验证、形成审核发现、准备审核结论、举行末次会议。

（5）审核报告的编制、批准和分发。

（6）审核的完成。

（7）审核后续活动的实施（通常不视为审核的一部分）。

第二节　质量审核的实施

质量审核是一个组织为保持质量管理体系正常有效运行的重要手段，质量体系审核是质量审核中最重要的审核，将结合质量认证的实施和管理在本章第五节阐述。本节主要简单介绍产品质量审核、过程质量审核及典型的第二方审核的实施。

一、产品质量审核

（一）产品质量审核的准则和作用

产品质量审核是对最终产品的质量进行单独检查评价的活动，用以确定产品质量的符合性和适用性，其评价的标准以适用性为主，即从用户使用的角度来检查和评价产品质量。产品的技术标准是产品质量检验的依据，而产品质量审核是用产品缺陷的多少和严重程度来评价产品的。“××产品质量审核评价指导书”是产品质量审核的依据。

缺陷（defect）是以“未满足与预期或规定用途有关的要求”来规定的。在产品质量审核中，对缺陷严重程度制定分级标准，并赋予不同的“加权”值。产品缺陷严重性分级可根据被审核的产品要素（功能、外观及包装）的重要程度及造成的危害程度分为A、B、C、D等级。为了区别质量缺陷对质量水平的影响，对不同的质量缺陷赋予不同的加权分值，一般取100、50、10、1这4个加权值。在开展产品质量审核前，要求组织人员编写“产品质量审核评级指导书”，经批准后成为产品质量审核执行的作业标准。随产品质量审核后的质量改进，“产品质量审核评级指导书”每隔1~2年要修改一次。表6-1给出典型的机电产品质量审核用的产品质量缺陷严重性分级原则供参考。

表6-1　产品质量缺陷严重性分级原则

缺陷级别	严重性	对产品功能的影响	对外观质量的影响	对包装质量的影响	缺陷加权分
A	严重的	能引起产品丧失功能的，会造成安全事故的，会索赔的	顾客会拒收产品，或会提出投诉的	错、漏装产品，包装差，在运输中会造成损害的，用户会投诉的	100
B	重大的	可能严重影响产品功能或引起产品局部功能失效的	顾客可能会发现，并可能会投诉	包装、涂封不良，有可能引起损伤或锈蚀的，漏装附件、说明书，顾客不满意，可能会投诉	50
C	一般的	可能轻度影响功能失效的	用户可能会发现，但不会投诉	漏装一般紧固件，用户可自己解决，一般不会投诉	10
D	轻微的	不影响产品在使用时运转，保养和寿命	外层涂漆或工艺上的小毛病	用户不会投诉	1

产品审核是通过抽取已经经过验收的产品，对比现在生产的产品和过去生产产品的质量水平，分析产品质量的发展趋势。其作用有下列几方面。

（1）通过定量或定性的检查，以确定产品的实际质量水平。

（2）通过分析和评价，尽早发现质量不符合的原因，改进产品的实现过程。

（3）分析产品质量变化的原因，以便采取纠正和预防措施。

（4）产品审核的结果能及时发现质量管理体系存在的薄弱环节。

（5）预测服务工作质量。

（6）研究产品质量水平与质量成本之间的关系，寻求适宜的质量水平，从而改进组织的业绩。

（二）产品质量审核的方法

产品质量审核通常用实验室（定量）和感官评价（定性）的方法确定产品的

适用性和符合性。审核应由有资格的审核员进行。

产品质量审核的重点是成品，但也可包括外购、外协件、自制零部件。审核的范围包括：质量上存在薄弱环节的产品；新开发的重点产品；性能要求高、质量要求高的产品；制造工艺复杂的产品；最终检验难度大或容易漏检的产品；顾客反映质量问题较多的产品。

目前，企业内的产品质量审核主要是在产品最终检验、包装合格后，出厂前抽样进行审核。审核数量和时间的确定应充分考虑实际需要和可行性，是全数审核还是抽样审核，如果抽样审核，可按GB2828在选定的抽样的基础上进行，并注意产品质量审核抽样不同于质量检验，检验抽样主要是按符合性标准判断检验批的合格性，把关验收；质量审核抽样是按适用性标准判断检验批的质量水平，找出主要问题、倾向性缺陷及异常波动。抽样的数量（样本大小）应根据产品复杂程度和生产批量而定。

（三）产品质量审核的程序

产品质量审核应按计划、按程序有步骤地进行。一般分为质量审核准备、实施审核、审核结果统计分析、提出审核报告和改进建议等基本步骤。

产品质量审核应由有资格的审核员进行，可以连续地或周期地进行。目前汽车行业大量采用AUDIT（奥迪特）方法进行产品质量审核。AUDIT是企业模拟顾客（用户）对自己的产品质量进行监督的自觉行为，是国际上通用的企业内部自我质量评审的一种方法，适用于所有大批量生产、质量稳定的产品。我国汽车行业从1992年开始已经采用AUDIT方法进行产品质量审核。

二、过程质量审核

过程（process）在ISO 9000：2008标准中被定义为：“一组将输入转化为输出的相互关联或相互作用的活动。”

过程质量审核的内容是针对过程能力而言，确认过程能力的依据是体系策划时提出的要求。ISO 9001：2008要求组织建立质量方针和质量目标，最高管理者应确保在组织的相关职能和层次上建立质量目标。

（一）过程能力

能力（capability）在ISO 9000：2008标准中被定义为“组织、体系或过程实现产品并使其满足要求的本领”。过程的能力就是指过程满足要求的本领。例如，管理者过程的能力是指管理者的管理水平、工作效率以及对生产的组织指挥的本领；生产过程的能力是指过程的单产能力和保证质量能力，包括设备能力、工艺能力、人员能力、降低质量成本的能力等；支持过程的能力是指分析检测的能力、检测设备的技术能力、分析的准确性及处理应急情况的能力、应用统计技术进行数据收集及处理的能力等。

过程能力是质量管理体系实施的基础，如果过程能力不足，就无法满足顾客要求。

（二）过程质量审核的依据

由于各行各业的过程性质不同，过程能力要求也不同。每个组织应根据自己的实际情况策划过程预期的要求，作为过程质量审核的依据。

过程的质量审核应当抓住主要过程，抓住对组织的产品质量有关键影响的过程。以机电产品为例，产品实现过程中的作业过程是最基本的组成单元，在过程策划时就建立作业过程的质量目标，即该过程形成的质量特性（值）应是定量的。人、设备、材料、方法、环境和检测对产品质量形成起重要作用。该过程质量审核的依据有：①产品技术方面的要求：产品规范、图样、工艺要求、技术标准等；②过程质量特性：机械加工的关键尺寸、铸造的型砂水分、铁水温度等；③质量体系要求：过程质量控制计划、有关生产安全安装的规定、作业指导书、检验规程、对过程运行（包括设备和操作人员）的鉴定要求等。

（三）过程质量审核的一般程序

由于每个组织的规模、性质及产品实现的复杂程度不一样，各组织的过程也是千差万别的，对过程的识别、规定和控制均不一样，因此过程质量审核方法各有不同，但是，无论采用什么方法，都要体现PDCA循环的思路。

三、第二方审核

第二方审核是由顾客对供方进行的审核，审核结果通常作为顾客购买的决策依据，第二方审核时应先考虑采购产品对最终产品质量或使用的影响程度后确定审核方式、范围。

第三节　质量审核及质量认证

质量管理体系审核与质量管理体系认证的比较如下。

一、质量管理体系审核的主要活动

典型的质量管理体系审核的主要活动包括以下方面。

（1）审核的启动。

（2）文件评审。

（3）现场审核的准备。

（4）现场审核的实施。

（5）审核报告的编制、批准和分发。

（6）审核的完成。

（7）审核后续活动（通常不视为审核的一部分）。

二、质量管理体系认证的主要活动

质量管理体系认证的主要活动包括以下方面。

（1）认证申请与受理。

（2）审核的启动。

（3）文件评审。

（4）现场审核的准备。

（5）现场审核的实施。

（6）审核报告的编制、批准和分发。

（7）纠正措施的验证。

（8）颁发认证证书。

（9）监督审核与复评。

三、质量管理体系审核与质量管理体系认证的主要区别及联系

（1）质量管理体系认证包括了质量管理体系审核的全部活动。

（2）质量管理体系审核是质量管理体系认证的基础和核心。

（3）审核仅需要提交审核报告，而认证需要颁发认证证书。

（4）当审核报告发出后，审核即告结束；而颁发认证证书后，认证活动并未终止。

（5）纠正措施的验证通常不视为审核的一部分，而对于认证来说，却是一项必不可少的活动。

（6）质量管理体系审核不只是第三方审核，而对于认证来说，所进行的审核就是一种第三方审核。

第四节　质量认证的概念和历史

质量认证是随着商品生产和交换的发展而逐步发展起来的。质量认证的原动力在于购买方（用户）对所购产品质量的信任的客观需要。现代质量认证制度发源于英国，在 1903 年英国就开始使用第一个证明符合英国 BS 标准的质量标志——风筝标志，并于 1922 年被英国商标法注册，成为受法律保护的认证标志。质量认证工作从 20 世纪 30 年代后发展相当快，到 20 世纪 50 年代基本上已普及所有工业发达国家。第三世界国家一般是从 20 世纪 70 年代后开始实行的。现在质量认证制度已发展成为一种世界性的趋势。据不完全统计，当今世界上已有 160 多个国家和地区实行质量认证制度。

在质量竞争和国际贸易日益频繁的今天，质量认证作为对产品质量、企业质量保证能力实施的第三方评价活动，已经成为世界各国规范市场行为、促进贸易

发展和保护消费者合法权益的有效手段。质量认证在全球经济活动中发挥着越来越重要的作用。

一、质量认证的定义

“认证”一词的英文为Certification，其原意是指一种出具证明文件的行为。当其被用于质量认证这一活动中后，则被赋予了新的含义。

质量认证也称合格认证（conformity certification），ISO/IEC指南2—1983《标准化、认证与实验室认可的一般术语》将合格认证定义为：“用合格证书或合格标志的方法证明某一产品或服务符合特定的标准或技术规范的活动。”

该指南的1986版，将该定义修改为“由可以充分信任的第三方证实某一经鉴定的产品或服务符合特定标准或规范性文件的活动”。

ISO/IEC指南2《标准化和相关活动的通用术语及其定义》（1991版），再次将质量认证的定义修改为：“由第三方对产品、过程或服务满足规定给出书面保证的程序。”

二、质量认证的历史

（一）质量认证的开始——工业革命

质量认证可以追溯到工业革命时期。18世纪60年代开始，英国的纺织业爆发了一场产业革命，机械化大大提高了生产率。这里的产品数量可大可小，质量则变得有所不同。为了生产尽可能多的产品，工人们不得不牺牲产品的质量。这导致了许多消费者反感这些低质量产品的生产。

（二）ISO的成立——国际化的质量认证

国际标准化组织（ISO）是质量认证领域的重要组成部分。1947年，ISO正式成立。随着全球制造业的发展，ISO成为一种国际标准的保障。

（三）ISO 9000认证的引入——适用于各个行业

1987年，ISO 9000质量批准计划正式发布。这是一种全球通用的质量管理体系，适用于各种类型的组织，从医疗机构到制造商、服务提供商等等。它为组织提供了一套全面、可持续的质量管理体系。

（四）质量认证的变革——从事后检查到注重预防

以前，质量认证通常是由质量检查员负责。质量检查通常来自公司的制造部门，而不是独立的质量管理部门。现在，质量认证越来越注重预防，这意味着可以在产品生产过程中加入一些控制措施，以避免出现质量问题。

质量认证已经发展成为企业中非常重要的一部分，但它对于许多消费者和企业来说仍然是一个相对较新的概念。虽然质量管理体系的起源很早，但随着它的进化，质量认证成为一个全面、可持续的体系，可以在各种类型的组织中得到实施。质量认证目前已成为全球贸易的关键因素，是企业获取竞争优势的重要因素之一。

三、质量体系认证的含义及特点

（一）质量体系认证的含义

质量体系认证是指第三方（社会上的认证机构）对供方的质量体系进行审核、评定和注册活动，其目的在于通过审核、评定和事后监督来证明供方的质量体系符合某种质量保证标准，对供方的质量保证能力给予独立的证实。质量体系认证在国际上也称为企业认证、质量体系注册、质量体系评审、质量体系审核等。在我国，质量体系认证指由国家技术监督局认可并授权的认证机构依据国家“质量管理和质量保证”系列标准，对申请认证的单位进行审核确认，并以注册及颁发认证证书的形式，证明其质量体系和质量保证能力符合要求。《中华人民共和国产品质量法》在第二章第九条中对认证的管理、认证的方式以及认证的对象等给予原则性的规定，并明确了质量体系认证是国家产品质量监督管理的宏观调控手段之一。

（二）质量体系认证的特点

1.认证的对象是供方的质量体系

质量体系认证的对象不是该企业的某一产品或服务，而是质量体系本身。当然，质量体系认证必然会涉及该体系覆盖的产品或服务，有的企业申请包括企业各类产品或服务在内的总的质量体系的认证，有的申请只包括某个或部分产品（或服务）的质量体系认证。尽管涉及产品的范围有大有小，但认证的对象都是供方的质量体系。

2.认证的依据是质量保证标准

进行质量体系认证，往往是供方出于对外提供质量保证的需要，故认证依据是有关质量保证模式标准。为了使质量体系认证与国际接轨，供方最好选用ISO 9001、ISO 9002、ISO 9003标准中的一项。

3.认证的机构是第三方质量体系评价机构

要使供方质量体系认证能有公正性和可信性，认证必须由与被认证单位（供方）在经济上没有利害关系，行政上没有隶属关系的第三方机构来承担。而这个机构除必须拥有经验丰富、训练有素的人员，符合要求的资源和程序外，还必须以其优良的认证实践来赢得政府的支持和社会的信任，具有权威性和公正性。

4.认证获准的标志是注册和发给证书

按规定程序申请认证的质量体系，当评定结果判为合格后，由认证机构对认证企业给予注册和发给证书，列入质量体系认证企业名录，并公开发布。获准认证的企业，可在宣传品、展销会和其他促销活动中使用注册标志，但不得将该标志直接用于产品或其包装上，以免与产品认证相混淆。注册标志受法律保护，不得冒用与伪造。

5.认证是企业自主行为

产品质量体系认证，可分为安全认证和质量合格认证两大类，其中安全认证往往属于强制性认证。质量体系认证，主要是为了提高企业的质量信誉和扩大销售量，一般是企业自愿，主动地提出申请，属于企业自主行为。但是不申请认证的企业，往往会受到市场自然形成的不信任压力或贸易壁垒的压力，而迫使企业不得不争取进入认证企业的行列，但这不属于强制性认证。

（三）我国实行质量体系认证的基本原则

根据国家有关质量体系认证的法律与法规，并参照国际有关标准和技术法规，确定了指导我国质量体系认证工作的基本原则。

1.以国际指南为基础同国际接轨

我国颁布的有关质量体系认证的法律与法规是以ISO和IEC联合发布的有关指南为基础制定的，因而有利于国际承认。

2.认证工作统一管理

质量体系认证在国内实行统一管理。基本做法是，组建中国合格评定国家认可委员会，下设五个委员会，对认证机构、检验机构以及认证人员实行统一管理，以确保认证结果的可信性。

3.坚持公正性

有关认证的指南特别强调，认证是“第三方”从事的活动，以确保认证工作的公正性。我国实行的质量体系认证制度就是ISO和IEC推荐的典型的第三方产品认证制度和质量体系认证制度。

4.自愿性认证和强制性管理相结合

各发达国家都对安全性产品通过国家法令实行强制制度管理，如果这些产品没有通过认证则不准生产与销售。我国颁布的《中华人民共和国产品质量认证管理条例》中明确表明，企业可自愿申请认证，但对涉及人类健康和安全、动植物生命和健康以及环境保护和公共安全的产品实行强制性认证制度。

5.质量体系认证的目的明确

质量体系认证的目的，一方面是帮助企业取得进入市场的“通行证”；另一方面主要是促进企业加强技术基础工作，建立健全企业的质量管理体系，提高企业的管理水平。

四、产品质量认证

（一）产品质量认证的含义

产品质量认证是由第三方依据程序对产品符合规定的要求给予书面保证，也就是说，第三方（认证机构）颁发的认证证书使有关方面（关心你产品质量的组织和个人）确信通过认证的产品符合特定的产品质量标准和规定。我国《产品质量认证管理条例》规定，产品认证分为安全认证和合格认证。安全认证属于强制性认证的范畴，而合格认证一般属于自愿的。

原国家质量监督检验检疫总局和国家认证认可监督管理委员会在2002年陆续

发布了《强制性产品认证管理规定》等4个文件。强制性产品认证制度是政府为保护广大消费者的人身安全，依照有关法律法规实施的一种对产品是否符合国家强制标准、技术规则进行评定的制度。这种认证主要通过制定强制性产品认证的产品目录和强制性产品认证程序规定，对列入目录中的产品实施强制性检测和审核。

（二）产品质量认证的程序

企业取得产品质量认证主要有以下几个步骤。

1.申请

企业申请产品质量认证，首先向具有认证资格的产品质量认证机构提交书面申请。申请书格式由国家质量技术监督局统一规定。其主要内容包括：申请单位的基本情况；申请认证产品的名称、规格型号、商标、产量、产值等情况；申请企业愿意遵守我国产品质量认证法规的规定，依法接受检查及监督的声明等。企业递交申请书的同时，还应当提供申请认证产品的企业质量保证体系手册副本及认证采用的标准和有关技术资料。申请书经审核被接受后，由认证机构向申请单位发出“接受认证申请通知书”。

2.审查和检验

企业产品质量认证申请被接受后，认证机构应当组织对企业进行质量体系审查，审查的目的在于检查、评定企业的质量保证体系确实具备保证企业持续稳定地生产符合标准要求的产品的能力。企业质量体系审查合格后，由认证机构委托符合法定条件的产品质量检验机构依照认证标准对申请认证的产品进行抽样检验。

3.批准

企业通过质量体系检查和产品样品检验后，认证机构负责对“企业质量体系检查报告”和“样品检验报告”进行全面审查，依法对于符合规定条件的产品批准认证，颁发认证证书，并允许企业在该产品上使用认证标志。对于经审查不符合规定的企业，认证委员会应当书面通知申请单位，并说明理由。如果企业能在6个月内采取有效措施予以改正，并经认证机构进行复查，确实达到规定的条件的，仍可予以批准认证、颁发认证证书。对于经过复查，仍达不到规定要求的，应通知企业撤回申请。

（三）我国产品质量认证的主要标志

目前，我国推行的产品质量认证标志有（但不限于此）以下几种。

1.强制性产品认证标志

凡列入目录的产品，未获得制定机构的认证证书，未按规定加施认证标志，不得出厂、进口、销售和在经营服务场所内使用。强制性产品认证标志的名称为“中国强制认证”，英文名为“CCC”（China Compulsory Cerfication）。

2.无公害农产品认证标志

这是施加于经过无公害农产品认证的产品或者包装上的证明性标志。无公害农产品是指产地环境、生产过程和产品质量符合国家有关标准和规范的要求，经认证合格获得认证证书的未经加工或初加工的食用农产品。

3.中国有机产品认证标志

中国有机产品认证属于自愿性产品认证，其认证标志为中国有机产品认证标志和中国有机转换产品认证标志。中国有机产品认证标志标有“中国有机产品”字样和相应英文（ORGANIC）。在有机产品转换期内生产或者以转换期内生产的产品为原料的加工产品，应当使用中国有机转换产品认证标志，该标志标有“中国有机转换产品”字样和相应的英文（Conver Sion To Or Ganic）。

4.中国饲料产品认证标志

获得饲料产品认证的饲料产品标注统一的饲料产品认证标志。

5.中国能源效率标识

能源效率标识是指表示用能产品能源效率等级等性能指标的一种信息标志，属于产品符合性标志的范围。能源效率标识的名称为“中国能源标志”（China Energy Label）。

（四）产品质量认证的典型制度

世界各国基于不同制度的产品质量认证，在国际标准化组织1990年编写的《认证原则和实践》一书中归纳为8种模式。

（1）一次性型式试验（典型试验）。按照规定的试验方法对产品样品进行试验，来检验样品是否符合标准或技术规范。这种认证只发证书，不允许使用合格标志。

（2）型式试验加市场上抽样监督检验的事后监督。就是从市场上购买样品或从批发商、零售商的仓库中随机抽样进行检验，以证明认证产品的质量特性持续符合标准或技术规范的要求。证明方式包括证书和标志。

（3）型式试验加生产企业产品抽样监督检验的事后监督。就是从工厂发货前的产品中随机抽样监督检验。证明方式同第（2）种模式。

（4）型式试验加认证后的双重抽样监督检验。即从市场和供方双重抽样检验，实际上是第（2）种、第（3）种两种型式的结合，证明方式包括证书和标志。

（5）型式试验加工厂质量体系评定再加认证后的双重抽样监督检验。这种型式集中了前几种认证模式的优点，成为当前各国认证机构通常采用的一种模式，也是国际标准化组织向各国推荐的一种认证模式。证明方式包括证书和标志。国际认可论坛（International Accreditation Forum，IAF）也已按照这种模式开始推进产品质量认证的国际互认工作。

（6）工厂质量体系评定。这种认证型式是对产品的生产厂，按照所规定的技术标准生产产品的质量体系进行检查和评定，也称为质量体系评定。其特点是证实生产厂具有按既定的标准或规范的要求提供产品的质量保证能力。第（6）种认证型式的对象是企业的质量体系而不是产品，其监督检查也是定期对质量体系进行复查。因此，按这种型式认证批准的企业，不能在出厂的产品上使用产品质量认证标志，而是由认证机构给予生产该产品的生产厂质量体系注册登记，发给注册证书。

（7）批量试验。这是依据规定的抽样检查方案对企业生产的某批产品进行抽样试验，并据此判断该批产品是否符合技术规范的一种认证方式。这种认证方式没有对产品进行型式试验，也没有对企业质量体系进行评审，一般只对该批检验合格产品出具证明文件，而不授予认证合格标志。

（8）全数检验。对每个产品都按认证标准做100%的检验后发给认证证书。它一般适用于产品结构复杂、性能要求高、批量少的高、精、尖产品（如飞机、火箭等），或在政府有专门规定的情况才采用的认证型式。例如，英国和法国政府对体温表有特殊规定，必须经政府指定的检验机构对每件产品检验合格并做上标志后才能在市场上销售。

在上述第（6）种认证模式的基础上后来形成了单独的质量体系认证。特别是在1987年国际标准化组织制定的ISO 9000族标准发布后，更形成了一种在全世界范围内以通用国际标准为依据，表示了一个企业综合质量保证能力，得到世界各国公认的认证模式，因而取得了迅速发展。

（五）产品认证的分类

1.依据产品认证标准属性进行分类

依据产品认证标准的属性，可分为合格认证和安全认证。

合格认证——由第三方的产品认证机构证实某一产品符合认证标准（包括产品标准和质量体系标准）的活动。

安全认证——以产品安全标准为认证依据的产品认证。经安全认证合格的产品使用特定的认证标志。

2.按产品质量认证的性质或强制程度分类

按产品质量认证的性质或强制程度可分为自愿性认证和强制性认证。

自愿性认证——由产品生产企业自愿申请，绝大多数工农业产品、节能产品、有机产品、无公害产品、服务和软件产品认证均实行自愿性合格认证。

强制性认证——强制性产品认证制度是各国政府为保护广大消费者人身和动植物生命安全，保护环境、保护国家安全，依照法律法规实施的一种产品合格评定制度。强制性产品认证是通过制定强制性产品认证目录和实施强制性产品认证程序，凡列入强制性产品认证目录的产品，没有获得指定认证机构的认证证书，没有按规定加施认证标志，一律不得进口、不得出厂销售和在经营服务场所使用。

五、产品质量认证与质量体系认证的区别

产品质量认证与质量体系认证通称质量认证。但两者是有区别的。质量体系认证不能代替产品质量认证，质量体系认证合格不等于产品质量认证合格，而产品质量认证有时包含对质量体系的认证。

（1）认证的对象不同。

产品质量认证的对象是产品，包括有形产品和无形产品（如服务）；质量体系认证的对象是供方的质量体系。

（2）认证的依据不同。

产品质量认证的依据是经过标准化机构正式发布、认证机构认可的产品标准或有关技术规范；质量体系认证的依据是质量管理体系标准，如ISO 9000系列标准或地区国际标准化机构正式发布的类似标准。

（3）认证机构不同。

产品质量认证机构和质量体系认证机构是不同的机构，但必须是第三方性质的机构，而且要得到社会和政府的承认，以确定其权威性。

（4）认证获准表示方式不同。

产品质量认证获准的表示方式是颁发“认证证书”和“认证标志”，质量体系认证获准的表示方式是认证机构对认证合格单位准予注册并以质量体系认证企业名录形式公开发布，同时，产品质量认证标志能用于产品及包装上，质量体系认证证书不能用于产品或包装上。

（5）认证性质不同。

产品质量认证属于自愿性认证和强制认证管理相结合，质量体系认证一般属于自愿认证。

六、质量管理体系认证

（一）质量管理体系认证的含义

质量管理体系认证是根据国际标准化组织（ISO）颁布的ISO 9000系列质量管理体系国际标准，通过认证机构对企业的质量体系进行审核，并以颁发认证证书的形式证明企业的质量管理体系和质量保证能力符合相关要求，授予合格证书并予以注册的全部活动。

（二）质量管理体系认证机构

根据我国法律法规，在国内从事质量管理体系认证的机构必须取得国家的资格认可。中国合格评定国家认可委员会（CNAS）统一负责质量管理体系认证国家资格认可和获取认可后的正常监督。

（三）质量管理体系认证程序

质量管理体系认证是通过第三方质量管理体系审核活动完成的。所谓的第三方质量管理体系审核，是指独立的并经国家认可的第三方组织——质量管理体系认证机构，依照规定的程序，对受审核组织进行独立的、系统的审核活动。其具体程序如下。

（1）组织向认证机构申请。组织自我评估认为具备认证的条件，可向认证机构提交申请书。

（2）认证机构评审和受理申请。认证机构对组织提交的申请书进行评审，如果满足认证审核的基本条件则受理申请。

（3）认证机构初访（需要时）。需要时，认证机构安排初访，初访的目的是了解组织现状、确定审核范围，确定审核工作量。

（4）签订认证合同。认证机构与委托方签订认证合同，确定正式合作关系，缴纳申请费。委托方或被审核方向认证机构提交管理手册、程序文件及相关背景材料。

（5）确定审核组并开展文件预审。认证机构指定审核组组长，组成审核组，开始审核准备工作。审核组组长组织文件预审，如文件无重大问题，则开始准备正式审核。

（6）审核准备。审核组组长编制审核计划，确定审核目的、范围、准则、日程安排等，审核计划经被审核方确认。审核组组长组织审核组成员进行审核准备。

（7）现场审核。审核组按照审核计划对被审核方进行现场审核。

（8）提交审核结论。审核组根据审核发现做出审核结论，审核结论可能有三种：推荐注册、推迟或暂缓注册、不推荐注册。

（9）批准注册。认证机构技术委员会审定是否批准注册，如批准，则颁发认证证书，并在其网站上公布。

（10）定期监督审核。认证机构对获证组织进行监督审核，监督审核一般每年一次。认证证书有效期为3年，到期需进行复评。

（四）质量管理体系认证证书和认证标志

认证机构向获准认证通过的企业颁发质量管理体系认证证书。该证书一般包括：证书号，申请方地址、名称，所认证质量管理体系覆盖的产品范围，评定依据的质量管理体系标准，颁发证书的机构、签发人、日期。该证书的有效期为3年。

认证机构向获准认证通过的企业颁发带有认证机构专有标志的体系认证标志。企业可以利用其公告宣传，表明本企业所具有的质量信誉，但不得张贴在产品上，也不得以任何可能误认为产品合格的方式使用。

第五节　质量认证的实施和管理

一、认证机构

实施质量认证制度必须由质量认证机构来承担，质量认证机构由认证管理机构（认可机构）、认证检验机构（实验室和检查机构）、认证审核机构（产品和体系认证机构）构成。

（一）认证管理机构

认证管理机构是政府的或非政府的第三方机构。该机构依据政府的法律性文件建立，是合法的、权威的公证机构。认证管理机构应有一个正式章程，并建立管理委员会，在管理委员会下应设立一个配备固定工作人员的专门机构。世界上多数国家都是由经国家授权的民间机构负责质量认证的管理职能，以确保质量认证具有第三方的公正性。我国则是由国家认证认可监督管理委员会履行国务院赋予的行政管理职能，统一管理、监督和综合协调全国认证认可工作（详见本章第四节）。

（二）认证检验机构（实验室和检查机构）

实验室是指对材料、产品的特性或性能进行测量、检查、试验、校正或进行其他测定的实验室。它根据认证机构的委托，对申请认证的产品的样品按规定的试验方法标准进行试验，确定是否符合有关的产品标准，检验后出具检验报告提交认证机构。实验室分为检测实验室、校准实验室、医学实验室、生物安全实验室等。检查机构对产品设计、产品服务、过程或工厂进行核查，并确定其相对于特定要求的符合性，或在专业判断的基础上确定相对于通用要求的符合性。认可机构对认证检验机构评定合格后颁发证书并授予使用规定的认可标志，以后还应接受监督评审。

（三）认证审核机构

认证审核机构是按特定的质量保证标准对申请认证企业的产品和体系进行审核与评定（包括事后的监督性检查），并出具检查报告的第三方机构。它能胜任并公正地对供方的质量体系进行评定、建议、验收和事后监督，并能在现场、制造厂或其他指定地点对产品进行抽样和评价。它应是非商业性的。这种机构中的组织机构、工作人员、联络能力、评定能力、财政上的稳定性、档案报告、保密与安全、设施等都应符合规定的要求，既具备适当的技术能力和工作可靠性，又具有公正性和真实性。认证审核机构由认可机构评定合格后颁发认可证书，并向社会发布公告。

二、质量认证的实施

（一）产品质量认证的工作流程

ISO/IEC指南28《典型的第三方产品认证制度通则》对产品质量认证的程序作了原则规定，它是通过对产品的抽样检验和对工厂质量体系的评定来确定产品是否符合标准，并在获证后对该质量体系进行监督检查以及从工厂和市场上进行抽样检验。

（二）质量体系认证的实施

世界各国各质量体系认证机构实施质量体系认证的程序不尽相同，但一般都遵循ISO/IEC指南48《第三方评定与注册供应商质量体系指南》中提出的程序和规则。我国自20世纪90年代初开始质量体系认证，从1993年9月起，依据ISO/IEC指南48制定发布了《质量体系认证实施程序规则》，国内各质量体系认证机构也都确定了各自的质量体系认证程序，虽然各有差异，但其程序基本相同。

（三）对实验室和检查机构认可的一般程序

对实验室和检查机构认可已是目前国际上通行的对检测和校准实验室能力进行评价和正式认证的制度，21 世纪以来，ISO/IEC 先后发布了一系列有关实验室和检查机构认可方面的国际标准文件，如，ISO/IEC17025《检测和标准实验室能力通用要求》；ISO/IEC17010《对检查机构进行认可的机构基本要求》；ISO/IEC17020《各类检查机构运行的基本准则》等。根据国家有关法律法规和国际规范，实验室和检查机构认可是自愿的，认可机构仅对申请人申请的认可范围，依据认可准则等要求，实施评审并做出认可决定。

三、质量认证的管理

（一）产品质量认证的监督管理

ISO/IEC指南28、ISO/IEC指南48和《中华人民共和国认证认可条例》及其相关规章都要求认证机构和各级技术监督部门应对已获证的企业从认证产品监督检验和认证产品生产企业质量体系复审两个方面进行监督。

1.认证产品的监督检验

对认证合格的产品，认证机构应在认证证书有效期内每年安排年度产品质量的监督检验计划（一般为1～2次/年），委托认可的检测实验室从认证产品生产企业或市场上随机抽取产品样本进行监督检验。

2.认证产品生产企业质量体系的复审

对认证合格的产品生产企业，认证机构还应安排年度质量体系审核计划（一般为1～2次/年），指派质量体系审核员到企业进行现场审核。

3.各级地方政府技术监督部门对认证产品及其生产企业的监督

依据《中华人民共和国产品质量法》《中华人民共和国进出口商品检验法》《中华人民共和国认证认可条例》及其相关规章，县级以上地方政府技术监督部门对本行政区域内的认证产品进行监督检查。

（二）质量体系认证的监督管理

认证机构对获准认证的组织在体系认证证书有效期内实施监督管理，包括换证、质量体系更改报告、监督管理、认证注销、认证暂停、认证撤销、认证有效期的复评等。

1.换证

在体系认证证书有效期内，出现了体系认证标准变更、体系认证范围变更、体系认证证书持有者变更的情况之一时，应按照有关规定重新换证。

2.质量体系更改报告

获准认证的组织的质量体系覆盖的产品结构发生了重大变化；质量体系覆盖的产品发生了重大质量事故；供方负责人或质量体系管理者发生变动；以及质量手册需要有重大调整和改革，如质量方针、机构设置、职责分工、质量体系要素重要控制程序的改变等时，该组织需将更改计划及时报告认证机构，该认证机构将依据更改引起的影响程度决定是否需要进行重新评定。

3.监督检查

认证机构对于获准认证的组织在其质量体系认证证书有效期（3年）内实施的监督检查，按规定每年不得少于一次。

4.认证注销

当体系认证规则发生变化，企业不愿或不能确保符合新的要求；在体系认证证书有效期届满时，企业没有在证书有效期届满前足够时间内向认证机构重新提出认证的申请；以及获准认证的组织正式提出注销认证，解除认证合同的，认证机构在获准认证的组织不违反认证规则的情况下，中止与该组织的认证合同关系，将注销该组织使用体系认证证书和标志的资格，收回体系认证证书。

5.认证暂停

当体系认证证书持有者未经体系认证机构的批准，对获准认证的质量体系进行了更改，且该项更改影响到体系认证资格的；监督检查发现体系认证证书持有者质量体系达不到规定的要求，但严重程度尚不构成撤销体系认证资格的；体系认证证书持有者对体系认证证书和标志的使用不符合体系认证机构规定的；以及发生其他违反体系认证规则的情况下，作为认证机构对获证的组织发生了违反认证规则的行为的一种警告措施，由认证机构书面通知暂停体系认证证书持有者使用体系认证证书和标志的资格。

6.认证撤销

当暂停体系认证资格的通知发布后，体系认证证书持有者未按规定要求采取适当纠正措施的；监督检查发现体系认证证书持有者质量体系存在严重不符合规定要求的情况的；以及发生体系认证机构与体系认证证书持有者之间正式协议中特别规定的其他构成撤销体系认证资格情况时，认证机构撤销对供方质量体系符合相应质量管理标准的合格证明。被撤销体系认证资格的，1年后方可重新提出体系认证申请。

7.认证有效期满的复评

体系认证证书持有者需要体系认证证书有效期满后继续保持认证资格时，应按认证机构的规定，在有效期届满前足够的时间内向认证机构提出重新认证的申请。认证机构将按照初次认证的基本程序，对申请方的质量体系实施较全面的重新评定。合格者，颁发新的体系认证证书，有效期仍为3年。

8.认证撤销的公布

体系认证机构关于注销、暂停、撤销体系认证证书持有者使用体系认证证书和标志资格的决定，以及取消暂停的决定，应书面通知体系认证证书持有者，并可予以公布。

（三）实验室和检查机构认可后的监督管理

（1）认可机构（CNAS）向获准认可机构颁发认可证书，以及认可决定通知书和认可标识章，列明批准的认可范围和授权签字人。认可证书有效期为5年。

（2）定期和不定期监督评审。获准认可机构在认可有效期内均须接受CNAS的定期和不定期监督评审。获准认可机构在认可批准后的12个月内，接受第一次监督评审，以后每隔最长18个月、12个月接受第二、第三次定期监督评审。在获准认可机构发生变化、CNAS的认可要求变化或CNAS认为需要对投诉、其他情况反映进行调查时，CNAS可随时安排不定期监督评审或不定期访问。

（3）复审。获准认可机构在有效期（5年）到期前6个月提出复评申请，由CNAS组织复评，并决定是否延续认可至下一个有效期。

（4）获准认可机构在有效期（5年）内可向CNAS提出扩大或缩小认可范围

的申请；获准认可机构的变更应在1个月内书面通知CNAS。

（5）获准认可机构如不能持续地符合CNAS的认可条件和要求，CNAS可以暂停部分或全部认可资质，包括恢复认可及撤销认可的管理。

第七章　食品安全监测与预警

第一节　食品安全综合评价的理论与方法

食品安全的综合评价体系是基于食品安全评价的特点和现实情况而构建的一套包括项目指标、食品种类指标、整体状态指标3个不同层次的指标体系。该套指标体系的提出为实现食品安全的综合评价提供了一套量化的指标，为整个食品安全监测与预警系统的提出与建设提供了一个理论基础。由于任何综合评价指标体系都是动态发展的，需要随着评价对象的发展而做出适当的调整，因此，每套指标体系必然具有其相对的局限性，须不断地优化和完善，以期最终建立一套科学、合理、可行的食品安全评价指标体系。

一、食品安全状态的综合评价理论

所谓评价是指将某一个或某一些特定对象（可以是单一对象，如龙井茶中的铅含量；也可以是复杂对象，如整个的食品安全状态）的属性与一定参照标准（可以是定性的标准，也可以是定量的标准；可以是客观的标准，也可以是主观的标准）进行比较，从而得到其好坏优劣的评价，并通过评价加深对评价对象的认识，进而辅助管理与决策。通常，我们可以根据评价指标数目的多与少将评价分为“单一评价”和“综合评价”。单一评价是指评价指标比较单一、明确的评价。例如，对不同品牌乳粉中的蛋白质含量的比较分析，就属于典型的单一评价。反之，综合评价是评价指标比较复杂、抽象的评价，对整个食品安全状态的评价就是一个非常复杂的多指标综合评价。从以上分析可以看出，单一评价和综合评价之间的区别往往是相对的，综合评价最终也要落实到对单个指标的高度集成。当然，综合评价时的单个指标与单一评价具有本质上的区别，它是高度综合的。

对整个食品安全状态的综合评价是一个复杂的统计与计算过程，该过程可以细分为以下几个阶段。

第一，确定进行食品安全状态评价的目的。食品安全状态评价的目的是“摸清家底”，切实掌握整个食品安全或某类食品安全的现实状态，并对食品安全的状态作出客观的评价，进而辅助管理部门和决策部门科学决策。

第二，建立以食品安全综合指数为核心的评价指标体系，细化各评价指标。

第三，给出食品安全的评价方法，给出食品安全综合指数的计算规则，确定评价的标准和评价的规则。

第四，食品安全状态评价的实施，包括有关数据的采集、参数与权重的确定、评价模型的演算。

第五，得出评价的结果，并对评价结果进行进一步的分析，撰写评价报告，提交和发布评价的结果。

二、食品安全状态的评价指标体系

进行食品安全综合评价的关键是建立一套科学的、可行的评价指标体系。科学合理的评价指标体系是对食品安全作出公正评价的前提。由于食品安全涉及的因素非常多，并且很多要素之间相互联系与制约，所以，在建立食品安全评价指标体系时，不仅要考虑指标体系的完备性，而且要顾及指标间反映监测主体的非重复性，尽可能使所建立的指标体系为指标集中的最小完备集。这样，所建指标体系既涵盖了食品安全评价所需的主要变量，达到了监测预警的目的；又剔除了对主体贡献不大甚至模糊判断结果的非主要变量，减少了工作量并明晰了分析结果。

（一）指标体系设计的原则

欲选择一套数量适度而又最大限度地揭示食品安全状态和其内在规律的最可信赖的指标体系，必须遵循一定的设计原则。我们将食品安全状态评价指标体系记为集合I，指标总集记为集合Q，则集合I必为集合Q的一个子集。

1.指标体系具备的特性

（1）完备性。

简单地说这一性质就是，对于所有食品安全状态及其变化，都能从指标体系中找到相应的指标或加工后的统计指标来度量。满足该性质的目的为使该评价指标体系满足食品安全状态评价的需要，但是所建指标体系欲满足这一特性是困难的。一是受技术水平限制，很多食品的毒性机理尚不清楚，那么要评价其安全状态更不可能。二是历史数据不全和时间过短，已有指标中许多数据是残缺不全和时间跨度过短的，对于新建立的统计指标，也没有相关数据，这些都给分析和确立食品安全状态评价指标体系造成了困难，因此，这一特性只能是相对的。

（2）最小性。

这一性质是指食品安全状态评价指标体系满足以下条件，即对于任意的完备集Q>X，均有XI。最小性使得该指标体系在精减到最小限额指标的前提下，仍能获得几乎与其他指标体系同样的信息来满足食品安全评价的需要，其效果几乎没有影响。采用少的指标得到等价的效果，这样，一方面大大减少了工作量，另一方面也排除了一部分多余因素的影响，是理想的选择。

2.指标入选的原则

食品安全评价指标体系是由一系列的单项指标有机组合而成，各单项指标是组成指标体系的基本元素，欲使指标体系满足前面提到的性质，在选择其基本元素时必须遵照一定的原则，有关单项指标入选评价指标体系的基本原则如下。

（1）原则1——指标对食品安全状态影响的重要程度。

不同的指标反映食品安全的不同侧面和内容，并且对于食品安全的影响不同，指标所起的作用也是有较大差别的。所以，选择食品安全评价指标，首先要把握的一条原则，就是考虑指标对食品安全的重要性，即对食品安全状态的贡献程度。

（2）原则2——指标与食品安全状态变化的协调性。

指标的变动轨迹与食品安全状态的变化轨迹之间的关系，虽然是多种多样的，但可以粗略地划分成三大类。第一类是指标变动轨迹在时间上和波动起伏上与食品安全状态变化轨迹基本一致。第二类是在相同时间上波动起伏不一致，但经过适当的数据处理可以使两者的波动起伏基本相吻合。第三类是除此两类以外的其他关系。符合该原则的是第一类和第二类中的指标，因此，从这两类指标中选择所需要的指标，对展现食品安全的面貌是极为有利的。

（3）原则3——指标反映食品安全状态变化的可靠灵敏性。

不同指标的变化特征对食品安全状态变化的反映程度是有差别的。有些指标是灵敏的且具有较高的可靠度，在食品安全状态即将发生或刚发生变动时，它们就能表现出这种变动的征兆或特征；当它们上升或下降时，有较大的概率预示食品安全状态的变化。有些指标则是迟钝的，往往在变动后一段时间才表现出来。食品安全状态评价需要具有能及时捕捉食品安全变动方向且具有较高可信度功能的指标。

（4）原则4——指标刻画食品安全状态变化的代表性。

指标之间的关系并不都是相互独立的，常常是相互联系与制约的，并且对于某类具体的变动特征，也常常表现出一个指标与几个指标或一组指标与另一组指标，反映其特征几乎是等价的，所以指标间存在着一定的可替代性。利用指标间的这种关系，选择具有较强代表性的指标，对减少工作量、降低误差和提高效率大有裨益。因此，这也是应遵循的原则之一。

由于评价对象随着时间的动态发展，其综合评价指标体系也要随着评价对象的发展而“与时俱进”、动态调整，食品安全状态的评价指标体系也不例外。在实际中应该在确定食品安全评价指标体系中去体现和适应这种动态变化，该调整的指标及时调整，该增加的指标及时增加，但是，评价指标动态调整时应尽量遵循以上原则。

（二）食品安全状态评价指标体系

食品安全涉及的内容广、范围宽，从理论上讲，食品安全状态评估内容应包括所有对食品安全有影响的因素，然而考虑目前的实际状况与监测的可行性，食品安全指标体系的内容将围绕导致食品不安全的主要因素来进行设计，主要包括以下两方面的内容。

（1）食品中微生物污染程度。微生物污染造成的食源性疾病是我国食品安全中最突出的问题，监测食品中微生物污染程度及其变化趋势是食品安全状态监测与评估的重要内容。

（2）食品中有毒有害物质的含量。有害物质主要包括食品中的农药残留水平、兽药残留水平、环境污染物、食物中的霉菌毒素和放射性物质等。

根据食品安全状态评估的特点，构建的食品安全综合评价指标体系必须能够从全局的视角和不同的层次来反映食品安全的总体状态，因此，我们在考虑构建食品安全评价指标体系时，主要也从该指标体系所包含的内容和各指标的层次结构进行考虑。

三、安全评价方法

构建食品安全评价指标体系来实现对食品安全的总体状态评价，其目的是实现对食品安全状态的监测和预警，进而辅助国家食品管理部门科学地管理与决策。在利用以上评价指标体系进行整个食品安全的监测与综合评价时，根据应用的条件或场合不同，我们应该灵活采用各种评价方法，一般来说，对食品安全的评价主要有以下3种方法。

（一）相对评价和绝对评价相结合

所谓绝对评价是指评价标准（参照标准）独立于样本集的评价，绝对评价的评价标准可以根据评价对象进行调节；所谓相对评价是指评价标准不独立于样本集的评价，样本构成会直接影响到评价结论，相对评价的优点是客观性强，缺点是不同样本之间不可比，两次评价之间不可比。

（二）排序评价和分类评价相结合

排序评价是指人们根据量化后的评价值进行排序，人们关心的是哪个排第一、哪个排第二，关心的是前后顺序，而对该评价值的具体数量不作评价，我们可以把排序评价形象地比喻为“选拔考试”；分类评价则是根据评价的具体数值去判断其水平的高低，评价的是每个评价对象所达到的等级或类别，我们也可以把分类评价形象地比喻为“水平考试”。

（三）动态评价和静态评价相结合

所谓动态评价是指对评价值或评价对象随时间的发展变化情况进行的评价，动态评价可以看出评价对象的发展过程，可以利用时间序列中的有关方法对评价值进行加工处理，加深整个监测与评价的统计分析深度。所谓静态评价是指在同一时间对不同单位、不同地区、不同部门甚至不同国家的综合评价值进行综合分析，静态评价主要是对时间维上的截面数据进行统计分析。

第二节　食品安全状态监测

一、食品安全状态监测定义

食品安全状态监测是指对食品中危害物的污染程度的监测，将食品中的危害物污染程度划分为高、中高、中、中低、低五档，从食品安全的角度看，危害物对食品的污染程度当然是越低越好。通过对大量食品中危害物的检测数据进行统计及分析处理，从宏观上得到该食品中被危害污染的程度，可以非常直观地说明该食品的安全状态，这正是进行食品安全状态监测的意义所在。对食品的危害物污染程度进行监测的技术，主要有模糊数学、神经网络、支持向量机三种方法。

食品分为粮食类、水产品类、糖类、食用油类、肉与肉制品类、蛋与蛋制品类、乳与乳制品类、饮料类、酒类、冷冻饮品类、罐头类、调味品类、糖果类、蜜饯类、坚果炒货类、糕点类、水果蔬菜类、食品添加剂类、包装容器类、食品消洗剂类、其他类别共21大类，对食品安全状态的监测既可以监测某一特定类别食品的安全性，也可以监测所有食品的整体安全性。

同样，食品中的危害物也存在多样性以及各种危害物的本身毒性也有差异。危害物的多样性，除了食品中危害物数量众多外，还表现在其他两个方面：一方面，不同食品所对应的危害物有较大的差异，如乳与乳制品类食品须检测沙门菌、金黄色葡萄球菌、亚硝酸盐、大肠菌群、铅、黄曲霉毒素、氯霉素、磺胺类等危害物，而罐头类食品，须检测锡、铅、亚硝酸盐、汞、磺胺类、黄体酮、菊酯类农药、氨基甲酸酯类农药等危害物；另一方面，即使同一类食品所检测的危害物在不同时期也有较大的差异，并且在实际的日常食品安全监管中，对某一食品的检测并不是说是对该类食品所有危害物进行检测，而是只针对某些高风险、受关注的危害物进行检测。因此，在实际的危害物检测数据中，对于所检测的食品，并不包含对应的所有危害物检测数据。但是我们在研究食品安全状态监测技术时，对需要监测的所有食品假定其所检测危害物是相同的，显然，这样的假定在实际应用中具有一定的局限性，但这样的假定可以消除同一危害物在不同食品中的毒性差异。另外，针对危害物本身的多样性，我们将危害物分为农药残留、兽药残留、生物毒素、微生物、微量元素、真菌毒素、添加剂、有机污染物8大类。

二、基于模糊数学的食品安全状态监测

在食品安全状态监测过程中，各个危害物污染指数的计算是食品安全状态评价结果准确性高低的关键，衡量危害物污染指数大小最直观的参数就是在一定时间内其超标率或阳性检出率的高低。尽管符合国家卫生标准的食品对人类是安全的，但实际上符合卫生标准的食品（合格食品）并不表示就不存在污染风险，因此，危害物污染指数的计算不应只是根据超标率进行计算，而是应该根据实际检测出来的数据进行污染程度的计算，同时对于超过卫生标准的要进行加权，从而客观反映出对应危害物的污染风险程度。

由于各个危害物检测数据无论从数量等级上，还是数据单位上都有很大的差别，需要对各个危害物检测数据作无因次化处理。在无因次化处理时，考虑到各个危害物对人体的污染程度也有较大的差别，也很难找出一个分明的界限来定义危害物的污染程度，须采用模糊集合理论将污染程度模糊化，即将危害物的污染程度分无污染、低污染、中低污染、中污染、中高污染、高污染6个等级，各个等级赋予不同污染风险权重T；（分值，取值0～100），在该风险权重中须考虑超标的加权。

三、基于神经网络的食品安全状态监测

基于模糊数学的监测方法存在如下不足之处：①在确定指标权重时主要采取主观赋权法和客观赋值法，在实际应用中还摆脱不了评价过程中的随机性和评价专家主观上的不确定性和认识上的模糊性；②缺乏自学习能力，对于诸如食品安全状态综合评价这类经常性的、大规程的评价问题，在每次评价时，需要大量专家进行评价，专家的水平良莠不齐，影响评价结果的客观性和准确性，同时由于缺乏自学习能力，专家评价的经验和知识只能在当前的评价中发挥作用，而在

后续的评价中又不能再次利用评价专家的这些经验和知识。因此，迫切需要寻求一种既能充分考虑评价专家的经验和直觉思维的模式，又能降低监测评价过程中人为的不确定因素，同时具有通过学习获取专家评价经验和知识的能力的综合评价方法。监测评价实质上是多指标值向量到综合评价值的非线性映射问题，这样，在函数逼近、模式识别领域应用广泛的人工神经网络算法（Artificial Neural Network，ANN）由于其自学习、自组织、较好的容错性和优良的非线性逼近能力，在多指标综合评价方法中得到了广泛的研究，并取得了大量的研究成果。在训练神经网络时，采用高水平专家的评价结果作为训练样本，训练出来后得到的评价模型就相当于一位高明的专家，在监测评价过程中，不会出现经验不足、综合评价失误的情况，其综合评价的结果也是比较客观的，主观因素不会对评定结果产生大的影响，所以其监测评价准确率大大提高。

神经网络理论的主要应用领域之一是模式识别和分类。食品安全状态监测本质上是一个分类问题，因此，应用神经网络算法进行食品安全状态的监测是可行的。根据神经网络理论，三层结构的神经网络可以任意地描述任何非线性关系，所研究的食品安全状态的神经网络监测方法中，也采用三层结构的神经网络，其中神经网络的输入为各个危害物的污染指数，神经网络的输出为食品安全状态的等级。

另外，由于不同食品类别所要检测的危害物是不一致的（包括危害物数量和危害物品种），因此以各个危害物的污染指数作为神经网络的输入时，就须针对不同的食品类别建立不同的监测评价模型。

四、基于支持向量机的食品安全状态监测

神经网络算法应用于诸如食品安全状态监测这类复杂系统的多指标综合评价时，还存在着如下缺点。

（一）收敛速度慢且容易陷入局部极值点

对于多指标评价问题，意味着对于相同的学习样本，如果选择不同的网络权系数初始值，会得到不同的模型参数，即使是各指标取值相同，也可能会得到不同的评价结果。

（二）神经网络的求解规模与输入层节点数相关

评价系统的指标数量就是输入层的节点数，对于食品安全的评价问题，指标因素（各个危害物）众多会导致整个神经网络结构复杂，学习过程缓慢。

（三）样本数量问题

神经网络需要有足够多的学习样本和足够丰富的样本信息，才能达到一定的精度要求，而在食品安全状态综合评价中，学习样本中评价结果往往需要通过食品安全专家评价来获取，其获取比较困难，学习样本非常有限，使得评价结果不够准确。

（四）过学习问题

神经网络的训练算法遵循了经验风险最小化（Empirical Risk Minimization，ERM）准则，只强调了经验风险（训练误差）最小化。由统计学习理论的结构风险最小化（Structural Risk Minimization，SRM）准则可知，要最大化推广能力（泛化能力），不仅需要最小化经验风险，而且应最小化置信范围值。对于神经网络这类具有自学习能力的评价方法，最关键的问题就是模型的泛化能力，过学习问题是神经网络泛化能力低的表现，并会导致评价结果不准确。

对于诸如食品安全这类复杂系统的多指标评价问题，要达到精确的评价结果，就要求评价方法满足以下几方面的要求。

第一，能够处理非线性问题，尤其是指标的定量描述和定性描述的结合。

第二，具有学习能力，学习算法要求收敛速度快，具有全局最优的特点。

第三，求解规模与评价系统的指标数量相关性不大。

第四，评价方法针对小样本问题。

第五，学习算法基于结构风险最小化准则。

第三节　食品安全的预警及快速反应方法

针对可能出现的不同食品安全风险，食品风险预警分为：来自疫区及污染地区进口食品的A类风险预警；对病原微生物、禁用物质类危害物的B类风险预警；对限量类危害物的C类风险预警以及针对危害物施检频率的D类风险预警。并根据不同风险的特点，采用了控制图理论、移动平均线、线性回归等多种数理统计方法对系统获取的食品安全基础数据进行处理，实现了对食品安全监测中存在的超限、数据不规范、未按要求检测以及趋势异常、分布异常等情况的预警，并构建相应的预警和快速反应数学模型，建立了触发顶替和解除预警的阈值数据集。同时在此基础上，结合危害物本身的敏感性、风险程度及其相应的施检频率，提出了食品中危害物风险系数的概念，对食品安全状态实施动态和量化的评价，并与以上的各种预警方法一起，构成了一个较为完整的食品安全预警及快速反应的方法体系。

一、针对从疫区及污染地区进口食品的风险预警——A类预警

（一）A类预警的产生

由国家进出口食品安全局根据世界各地发生的疫情、食品污染事件等信息及时在预警系统中设立有关条件，该类预警控制主要在商品报验和现场查验阶段，只要满足设定的条件，无须实验室对其相关的危害物实施进一步的检验，即可发出预警，并拒绝入境。

1.来自疫区食品的A_1类预警

进口食品来自对该种食品有特殊规定的疫区，如从疯牛病疫区荷兰进口的乳粉，当时间、国别、食品类别满足设定的条件时，系统将自动触发一个A_1类预警，通知相关人员立即采取措施，禁止该批货物入境。

2.来自发生污染事故地区食品的A_2类预警

进口食品来自发生污染事故地区，如1999年动物饲料被二噁英污染期间，从比利时进口的乳制品。当时间、国别、食品类别满足设定的条件时，系统将自动触发一个A_2类预警信息。

（二）A类预警的解除

第一，当有关国家或地区的疫情解除后，由该国家进出口食品安全局及时在预警系统中取消所设立的相关条件，系统对相关国家进口的特定食品不再触发A_1类预警。

第二，当有关国家或地区的食品污染事件的影响逐渐消除，经由该国家进出口食品安全局评估确认，在预警系统中可以取消所设立的相关条件，系统对相关国家进口的特定食品不再触发A_2类预警。

（三）A类预警的特点

第一，A类预警具有影响大、发布要求严格的特点，通常是由国家进出口食品安全局根据各国疫情和食品污染事件等信息来进行设置和发布。该类预警的触发并不需要历史监测数据资料作为统计分析的基础。

第二，触发A类预警的食品通常都无须再由实验室进行危害物检测，快速反应控制直接在商品报验和现场查验阶段完成。

第三，A类预警主要是针对进口食品的风险预警，是对进境食品安全进行风险控制的第一道防线，对保护我国的食品安全不受境外疫情和污染事故的影响有着重要的意义。

第四，在技术上，A类预警的预警阈值参数相对简单，只有0和1两种。进口食品满足设定的相关条件，预警函数取值为1，触发A类预警；否则，函数取值为0，不触发A类预警。

二、病原微生物、禁用物质类危害物的风险预警——B类预警

病原微生物、禁用物质类危害物主要包括各类致病性细菌（如沙门菌、金黄色葡萄球菌、绿脓杆菌等），部分食品中的农药、兽药残留（如蔬菜中的甲胺磷、对硫磷，肉制品中的盐酸克伦特罗，水产品中的氯霉素等）以及一些生物毒

素和化学污染物，其主要特点就是该类危害物一旦检出，即被视为阳性，系统需进入预警程序。作为禁用物质的一种特殊情况，在目前的技术条件下，当某些限量类危害物的最大残留限量值等于其方法的最低检出低限时，该类危害物亦被视为禁用物质，如鸡肝中的磺胺二甲嘧啶，其最高残留限量和HPLC的检测限均规定为20μg/kg。在本系统中，对病原微生物、禁用物质类危害物的风险预警被称为B类预警。由于阳性检出是该类危害物预警的一个最重要的阈值和明显标志，所以对于危害物未检出时的情形，检测数据本身并没有多少信息可提供。故对该类危害物的预警将主要关注危害物何时有阳性检出，以及在一定的监测周期内，检出的频率有多少。因此，基于单个危害物检出的情形及危害物历史检出次数的多少，B类预警在系统中被分为危害物单个值阳性预警和危害物阳性率异常情况预警。

（一）危害物单个值阳性预警

1.预警的产生和应用

无论何时，只要在食品中检出病原微生物或禁用物质，系统将自动触发一个B_1类预警信息。该预警信息表明，所监测的食品已被病原微生物污染或含有国家所禁止使用的化学物质，存在着严重的食品安全问题。该类预警通告可帮助一线的商品管理人员快速、准确地识别食品中的病原微生物或禁用物质并及时采取相应的处理措施，同时通过联网系统可迅速向全国发出预警通告，提醒有关人员加强对相关食品中该类危害物的监测和检验。

2.预警阈值的确定及检测结果的表示

对于B_1类预警，并没有一个具体的数值作为其预警阈值，只要该危害物属于系统中病原微生物类或禁用物质类清单的范畴，且检验结果不为“未检出”，系统即可触发预警。具体地，对于病原微生物类，检测结果常常以文字描述类型来表达，如乳制品中检出沙门菌时，结果表示为“阳性”或“检出沙门菌”；对于禁用物质类，检测结果常常表示为数值类型，如肉制品中检出盐酸克伦特罗时，其含量可具体表示为0.15mg/kg。不论以何种类型表达，只要检验结果不为“未检出”，系统都将自动识别，并置函数取值为1，触发一个B_1类预警信息。

3.预警的解除

按照“风险分析，分类管理”的原则，当预警通告发出后，便预示着该类食品中存在着特定的风险，通常对该类食品中被预警的危害物都会加强监控和检验，其相应的施检频率也会大大增加。如果在一段时间内实施了多次检验或在较长的时间段内进行了一定频率的检验后，该危害物都不再触发各类预警，可以认为所预警的特定风险已降低和消除，系统可发出预警解除通告，提醒有关人员降低其施检频率，以便将有限的资源用于更需要监测和检验的危害物。具体对于病原微生物或禁用物质单个值阳性检出的B_1类预警，在以下情况可进行预警解除。

第一，对于报检批次较多的食品类别，当所监测的病原微生物或禁用物质连续100个检测结果都为“未检出”，即系统不再触发B_1类预警，系统可自动解除该种预警。

第二，对于报检批次较少的食品类别，在1年的时间段内，所监测的病原微生物或禁用物质不低于30个检测结果，且都为“未检出”，系统可自动解除该种预警。

第三，对于报检批次特别少的食品类别，在3年的时间段内，所监测的病原微生物或禁用物质不低于10个检测结果，且都为“未检出”，系统可自动解除该种预警。

（二）阳性检出率控制图（Y-Pn控制图）预警

主要考察一段时间内特定食品中病原微生物、禁用物质等危害物检出的频率（阳性检出率），并评估其是否有异常情况发生。首先，我们对食品中检出了病原微生物、禁用物质的数据均定义为阳性数据，其在一定时间区段内（或在一定量的结果数据样本中）所占的比例定义为阳性检出率。与危害物单个值阳性预警不同的是，危害物阳性检出率异常情况预警主要考察一段时间内特定食品中病原微生物、禁用物质等危害物检出的频率与其历史的阳性检出率的比较，评估其有无异常波动出现（如阳性检出率偏高等），并对异常情况发出预警通告。

通过对大量数据资料的分析显示，在限定了进出口国家、生产地区、食品类别时，正常情况下，食品被病原微生物、禁用物质污染的概率是不确定的和随机的。对于某种具体的危害物，其在一定时期内的阳性检出率也是随机分布的，并在一定范围内上下波动，其阳性检出的个数在大量的数据中服从统计规律正态分布。根据正态分布曲线的特点可认为，凡在$\mu+3\delta$范围内的阳性率都是正常的，系偶然因素所致，如超出此界限则说明有异常情况发生，须进行预警。

基于此原理，我们可利用控制图理论来考察监测病原微生物、禁用物质阳性检出情况的异常波动。具体地，对相关的历史数据按样本分组，按时间顺序每100个数据为一个样本（n=100），建立阳性检出率控制图（Y-Pn控制图），一个样本中的阳性检出数据的个数定义为该样本的Pn值，当某个样本的Pn值超过控制上限（Upper Control Lim-it，UCL）以及发生其他控制图异常情况时，系统将产生一个B_2类预警。

实际上，样本的大小n可根据具体的情况进行调整，对于阳性检出率较高，或施检次数较少的样品，可以减少n值，如n取50、30等；而对于阳性检出率较低，或施检次数较多的样品，可以增加n值，如n取200、500等。

在阳性检出率异常预警模型中，除了样本等大小的Y-Pn控制图，亦可建立样本非等大小的Y-P控制图。很多时候，简单地按时间顺序将检验数据等大小地分为一个个样本并不一定合适。例如，对于某些时段内集中所获取的检验数据，由于具有相似的样品背景，在预警分析时把它们视作同一个样本的数据效果更好；而另一些数据由于相隔的时间较长，彼此相关性较差，此时将它们分为不同的样本可能更为合适。在Y-Pn控制图中，所监测的对象是样本的阳性检出率Pn而不是样本中的阳性检出数据的个数Pn值。当然在具体应用中，为避免中心线和控制上限的大幅波动，样本间的n值尽量差别不要太大。实际上，当各样本的n值相差不大时，可用n的平均值来代替。

三、限量类危害物的风险预警——C类预警

限量类危害物主要是指有着最大残留限量（Maximum Residue Limit，MRL）规定的危害物，其类别涉及农药残留、兽药残留、食品添加剂、有害元素、工业污染物等，在所有的危害物中其数量占据了相当大的比例。相应地，对该类危害物的风险预警在系统中被称为C类预警，由于该类危害物种类繁多、数量巨大，预警参数的选择和设置也涉及危害物的多个因素。因此，C类预警将是食品风险预警方法研究中最重要和最受关注的部分。

危害物的最大残留限量是该类预警中最重要的一个阈值指标，而方法的检出低限是另一个重要的阈值指标。检测结果值超过所规定的MRL的，称为危害物超标；检测结果大于方法检测低限的，即能给出具体的危害物含量值，称为危害物检出。基于危害物的超标情况和危害物的检出情况，以及检测数据本身数值的

大小，运用适当的数理统计方法，C类预警可分为危害物单个值超标的预警、危害物超标率异常情况预警、危害物检出率异常情况预警、平均值—标准偏差控制图（x δ 控制图）预警、均线系统趋势预警、线性回归方程趋势预警等多种预警方法。

（一）危害物单个值超标的预警

1.预警的产生和应用

无论何时，只要在食品中检出的该类危害物含量超过其相应的最大残留限量值，即超过相应的卫生标准，系统将自动触发一个C_1类预警信息。该类预警是系统中给出的最大量、最普遍的一类风险预警，它直接反映了某类食品中已经产生和存在的食品安全问题，该类预警通告可帮助一线商品管理人员及时准确地做出分析判断并着手采取相应的处理措施，同时通过联网系统可迅速向全国发出预警通告，提醒有关的人员加强对相关食品中该类危害物的监测和检验。

2.预警阈值的确定

食品中各种危害物的最大残留限量就是该类预警的阈值指标，是预警系统在食品安全问题事发后第一时间进行正确分析判断并做出预警通告的技术依据，其主要源于国际性技术标准、主要发达国家和地区的标准、国内各类食品卫生标准以及部分国内和主要发达国家、地区的监控检测及评价资料等。

（1）进口食品中危害物的预警阈值。

我国卫生标准有规定的，依照我国要求的MRL值；我国卫生标准没有规定的，参照相应的国际性技术标准或进口国的卫生标准。

（2）出口食品中危害物的预警阈值。

出口国卫生标准有规定的，依照出口国要求的MRL值；出口国卫生标准没有规定的，参照我国相应的卫生标准或国际性技术标准。

预警系统专家组应密切关注所监测的危害物情况，当其最大残留限量修改时，应及时对系统的预警阈值进行相应的调整，以确保预警的有效性和准确性。

3.预警的解除

对于危害物单个值超标的C_1类预警，在以下3种情形下都可实施预警解除。

第一，对于报检批次较多的食品类别，当所监测的危害物连续100个检测结果都未超过其最大残留限量，即系统不再触发C_1类预警，系统可自动解除该种预警。

第二，对于报检批次较少的食品类别，在1年的时间段内，所监测的危害物不低于30个检测结果，且都未超过其最大残留限量，系统可自动解除该种预警。

第三，对于报检批次特别少的食品类别，在3年内，所监测的危害物不低于10个检测结果，且都未超过其最大残留限量，系统可自动解除该种预警。

（二）危害物超标率异常情况预警

危害物超标率是指其在一定时间区段内（或在一定量的结果数据样本中）限量类危害物超过其最大残留限量的数据个数在所考察的总数据个数中所占的比例，它反映了一段时间内该类危害物的风险程度和相应食品的安全程度。与危害物单个值超标的预警不同的是，危害物超标率异常情况预警主要考察一段时间内特定食品中限量类危害物的超标率与其历史的超标率的比较，评估其有无异常波动出现（如超标率偏高等），并对异常情况发出预警通告。通常，对于特定食品中的某类危害物，在一定时期内，其超标率会保持在相对稳定水平，当受到环境污染、工艺变化、原料变化以及其他异常因素干扰时，超标率会上升，当上升的程度超过正常的波动时，系统将对该种异常情况发出预警通告，提请有关人员注意，分析原因，及时采取应对措施。

通过对大量数据资料的分析显示，在限定了进出口国家、生产地区、食品类别时，正常情况下，特定危害物的超标率总在一定范围内波动，其数值大小在大量的数据中服从统计规律正态分布，根据正态分布曲线的特点可认为，凡在μ+38范围内的超标率都是正常的，系偶然因素所致，如超出此界限则说明过程有异常，须进行预警。

基于此原理，我们可利用控制图理论来考察监测危害物超标情况的异常波动。具体地，对相关的历史数据按样本分组（k），按时间顺序每100个数据为一个样本（n=100），建立超标率控制图（C–Pn控制图）。一个样本中的超标数据的个数定义为该样本的Pn值，当某个样本的Pn值超过控制上限（UCL）以及发生其他控制图异常情况时，系统将产生一个C_2类预警。

第四节　食品安全动态监测方法

一、概述

在进行食品安全动态监测方法的研究过程中，主要考虑以下几个问题。

（一）食品类别的分类

不同食品类别，其风险系数不同，其抽样的概率也不相同。食品类别分类正确与否，直接影响到后续的动态调整策略。

（二）是否抽样的自动判定

是否抽样自动判定需要考虑各种因素，如食品本身的风险等级、供应商的等级和诚信等级、目的地因素、贸易方式因素等，如何综合这些因素得到针对某一食品是否抽样的判定，是动态监测的关键，也是所谓动态系统的动态之处。

（三）各食品类别风险等级的确定

如何确定食品的风险等级，需要领域知识和专家知识，同时要结合长期以来食品检验结果，这是动态监管的基础数据。

在食品安全动态监测研究中，一个重要的方面是如何对食品进行分类。当食品根据其特性分类好后，才可以根据对应的食品类别进行基本层的基本抽检比的计算。因此，分类的正确性直接影响到动态监测系统运行的效果。

二、动态监测方法

食品安全动态监测方法的研究关键是科学地实现对待检食品的动态抽检（包括批次的动态抽检和检测项目的动态调整）。影响待检食品的动态抽检方案的因素，分为三个层次，即前置层、基本层和动态调整层。

前置层进行是否指定性抽检（如预警、科研）的判定。在基本层，根据食品安全状态的综合评价结论（对历史食品安全数据的深度数据挖掘和分析）确定各类食品的基本抽检比，即将食品分类，各个类别设定一个基本抽检比例。在调整层，根据当前处理批的情况（货主企业等级情况、诚信情况、该类食品走向、贸易方式等）并结合基本层的基本抽检比例动态调整该处理批次的抽检比例，并依据概率论方法判定是否抽检。

对于所抽检的食品，根据对应的高风险项目、中风险项目、受关注项目以及品质项目来动态确定相应的检测项目（危害物）。各个食品类别风险项目的确定同样根据历史食品安全数据的监测分析得到。

（一）前置层（指定性抽检）

指定性抽检分为预警、科研、其他。一旦符合指定性抽检条件，就按指定性抽检流程进行是否抽检的判定。

1.预警

预警通报的信息包括：预警条件、开始执行的时间、截止日期或天数（没有截止日期时，认为无限延长），一旦发现待检食品符合预警通报的条件，则严格按照该预警通报规定的抽样方式、抽检比例和检测项目进行样品检测。

2.科研

科研性的指定性检测与预警的指定性检测相同。

3.其他

例如，考虑季节性因素、原产地因素时，可以将这些内容划归于指定性检测。

（二）基本层

根据各类食品的风险等级确定基本的抽检比例，即根据食品分类，各个类别设定一个基本抽检比例。该抽检比例应根据上一年度进口食品的检验结果，结合专家知识和各个类别的检验结果历史数据综合进行确定。基本层抽检比例可以定期调整。

（三）动态调整层

基本层所确定的抽检比例在一定时间段内基本上保持不变。针对某一批待检食品，除了依靠基本抽检比例来确定是否抽检外，还要依靠动态调整层在线调整抽检策略。

根据待检食品对应类别的基本抽样比以及考虑到的调整因数，生成该食品的抽样比，由该动态的抽样比依据概率论等相关理论做出是否抽检的判定。所考虑的调整因数包括以下几点。

1.进口食品走向因数

如果该食品的目的地不是所指定的目的地（如上海），则提高抽检比例（提高幅度可设置，如5%）。在报检数据中，有目的地代码字段，根据该字段数据可实现进口食品走向因数的计算。

2.贸易方式

贸易方式如果为“来料加工”，则降低其抽检比例（降低幅度可设置，如50%）。在报检数据中，根据贸易方式代码确定是否提高抽样比例。

3.货主单位的分类等级

货主企业分5级：1级企业、2级企业、3级企业、4级企业、5级企业。1级和2级企业可降低抽检比，3级企业保持抽检比不变，4级和5级企业增加抽检比；分类等级主要根据货主单位的规模、检测能力、管理能力等方面来决定。

4.货主单位的诚信等级

企业诚信分5级：1级企业、2级企业、3级企业、4级企业、5级企业。1级和2级企业可降低抽检比，3级企业保持抽检比不变，4级和5级企业增加抽检比；诚信等级主要根据企业1年内的违规情况、所进口食品的检验合格率等方面决定。

结束语

近年来，随着经济社会的全面发展和国民生活水平的不断提高，人们的食品安全意识有了明显的提升。食品安全无小事，需要多部门形成合力，通过协调管理、加强食品安全行政执法应急能力、统一食品检测标准和制度、加大食品违法行为的处罚力度、完善现有的食品质量安全管理体系等方式，彻底消除食品质量安全隐患。优化食品检验检测与质量安全管理的策略如下。

（一）创新检验检测技术

随着食品科技的蓬勃发展和食品生产的日益复杂化，传统的检验检测技术已无法满足现代化发展的需求。为确保食品质量的稳定和安全，相关部门需要积极探索开发出新的检验检测技术或引入先进的检测技术。目前，分子生物学、光学传感器、电化学传感器以及纳米技术等均具备高效、高灵敏度、高准确性等特点，能够显著提升检测效率和准确度。引入这些新技术不仅有助于提升检验质量，也能为食品检验领域的全面发展提供强劲动力。同时在应对食品生产和监管的新挑战时，积极引入新技术可以带来多重优势。

（二）完善食品检验检测体系

为适应不断变化的食品市场需求，相关部门应该充分利用现代化手段，制定和完善食品检验检测制度，有效提升食品检验检测质量。

（1）建立操作标准规范制度。食品检测机构应定期进行绩效评估，以确保检验人员能够严格按照相关标准和规范进行操作。对于违规操作者，应给予相应的惩罚，对于表现优秀者，应予以奖励，通过奖惩机制提升在岗人员的责任感，确保检测过程的规范性和准确性。

（2）科学制定质量问责制度。相关部门可以通过问责机制的建立，将责任明确到人，推动食品质量问题的可溯源化，从而有效提升监管效果。科学制定质量问责制度有助于明确检测人员的责任，这对于追溯食品质量安全问题、提升监管质量至关重要。

（3）注重检验检测仪器的选择。在实际管理过程中，要定期更新和维护检测仪器，及时淘汰损坏设备。此外，实验室还应根据需要引进标准物质，并采用不同的检测方法，通过对比分析全面掌握相关信息。同时，检验人员需结合能力验证和测试，进行合理判断，以多种措施完善检验检测制度。

（4）全程监控。食品检验检测机构应结合国家规定实施全程监控，包括样品管理、仪器设备使用管理、检验检测规程、数据传输等方面。根据当地发展和行业现状制定适用的检验检测方法，并通过手机终端进行动态跟踪，以掌握食品检测进展情况；加强检测环境和记录管理，检测机构应对检测原始记录和报告进行管理，方便后续食品溯源；食品检验检测机构要妥善保存相关记录和档案，将管理要求落实到个人。通过以上措施可以有效提高食品检验检测质量的准确性和可追溯性，从而更好地保障食品质量和公众健康安全。

（三）多部门形成合力，协调管理工作

食品质量安全管理需要各部门形成联动联防的机制和状态，助力各项监管工作的开展。各部门要加强交流与沟通，建立、优化统一的工作平台，防止部门之间的信息不对称等。在日常工作当中要形成以市场监管部门为主导，其他各职能部门协同配合的新局面。同时要注重任务的分工，尤其是各级食品安全委员会要与地方政府密切配合，彼此之间形成合力，共同助力食品质量安全管理工作的顺利开展。总之，各部门要明确各自的职责，夯实分管任务，对于任务分工以及各项工作流程要做出明确的规划，避免重复性工作，也要防止监管空白地带的出现，提升监管工作效率，保障食品质量安全。

总之，食品安全与群众的幸福生活息息相关。在我国经济社会全面快速发展、社会主义事业不断取得新成就的今天，食品安全问题绝不能忽视。各级主管和监管部门要更加合理、高效、科学地进行食品质量安全管理，保障广大人民群众的食品安全。

参考文献

[1]苏东海，陈诗静，郭明璋，等.微生物传感器在食品分析中的应用[J].食品安全质量检测学报，2023，14（17）：207–214.

[2]廖盛美，张清海，李林竹，等.中国基于检验检测的食品过程质量控制研究进展[J].食品科学，2023，44（17）：305–311.

[3]丁贝贝，许明媛.守牢食品安全底线，提升食品检验检测服务能力的方法[J].食品工业，2023，44（9）：330–334.

[4]张志伟，王孔伟.食品安全检测的问题与对策分析[J].食品安全导刊，2023（25）：13–15.

[5]李耿敏.浅析食品检测机构的检测质量控制[J].食品安全导刊，2023（25）：25–27.

[6]董强.食品检验检测的质量控制及细节问题探究[J].食品安全导刊，2023（25）：22–24.

[7]周达，王燕平.基于风险评估的食品安全质量管理策略优化[J].食品安全导刊，2023（25）：10–12.

[8]郑雪利，陈冉，邱艳，等.食品检验检测机构质量管理中存在的常见问题及分析[J].食品安全导刊，2023（25）：34–37.

[9]陈雯.新形势下的食品安全行政执法问题研究[J].食品安全导刊，2023（24）：4–6.

[10]张玉环，魏爱云，华洲，等.浅议食品检测准确性的影响因素及解决策略[J].中国食品工业，2023（16）：58–60+63.

[11]杨春，曹慧，王锐兰，等.食品安全检验检测机构发展现状及能力提升对

策研究——以浙江省为例[J].食品工业科技，2024（6）：1–16.

[12]刘红梅，谢峻，陈荣华，等.“双创技能型”专业人才培养课程体系探索与实践——以食品检验检测专业为例[J].通化师范学院学报，2023，44（8）：133–138.

[13]冯琦，王婷，杨利，等.试析食品检验中的微生物标准化检测技术[J].中国标准化，2023（16）：154–157.

[14]冯琦，郭国栋，张晓燕.关于食品检验结果准确性和有效性的研究[J].中国食品，2023（16）：90–92.

[15]凌思兰.数学统计思维在食品检测与分析中的应用——评《食品检验检测分析技术》[J].食品安全质量检测学报，2023，14（15）：323.

[16]林更涛.微生物检测技术在食品检验中的应用分析[J].食品安全导刊，2023（22）：177–179.

[17]骆杏仪.食品标准化在食品质量安全管理中的应用[J].食品安全导刊，2023（22）：17–19+23.

[18]才仁措.食品检验检测的质量控制及细节问题探究[J].食品安全导刊，2023（22）：34–36+40.

[19]杨颖.食品检验检测质量控制的问题与对策[J].中国食品工业，2023（14）：63–64+80.

[20]华明倩.食品检测存在的问题与质量控制措施[J].中国食品工业，2023（14）：58–59+76.

[21]王明华.生物检测技术在食品检验中的应用研究[M].北京：中华工商联合出版社，2022.

[22]刘野.食品安全管理体系的构建及检验检测技术探究[M].北京：中国原子能出版社，2017.

[23]郑百芹，强立新，王磊.食品检验检测分析技术[M].北京：中国农业科学技术出版社，2019.

[24]郭燕，成孟丽，刘洪利.食品卫生与质量检验检测[M].天津：天津科学技术出版社，2018.

[25]惠琴.食品理化检验技术[M].上海：复旦大学出版社，2020.

[26]杨彩霞.食品卫生检验学[M].沈阳：辽宁科学技术出版社，2019.

[27]李宝玉.食品微生物检验技术[M].北京：中国医药科技出版社，2019.

[28]朱军莉.食品安全微生物检验技术[M].杭州：浙江工商大学出版社，2019.

[29]林丽萍，吴国平，舒梅，等.食品卫生微生物检验学[M].北京：中国农业大学出版社，2019.

[30]李海燕.食品质量安全检验基础与技术研究[M].长春：吉林科学技术出版社，2023.

[31]曹叶伟.食品检验与分析实验技术[M].长春：吉林科学技术出版社，2021.

[32]曹凤云.食品理化检验技术[M].北京：中国农业大学出版社，2017.

[33]操恺.食品包装检验[M].北京：中国质检出版社，2015.

[34]姚玉静，翟培.食品安全快速检测[M].北京：中国轻工业出版社，2019.

[35]蔚慧，张建，李志民.食品分析检测技术[M].北京：中国商业出版社，2018.

[36]朱艳.食品微生物检验方法与技术探究[M].长春：吉林科学技术出版社，2020.

[37]林婵.食品理化检验技术[M].北京：九州出版社，2019.

[38]杨品红，杨涛，冯花.食品检测与分析[M].成都：电子科技大学出版社，2019.

[39]李自刚，李大伟.食品微生物检验技术[M].北京：中国轻工业出版社，2016.

[40]国家食品药品监督管理总局科技和标准司.食品补充检验方法实操指南[M].北京：中国医药科技出版社，2018.

[41]白新鹏.食品检验新技术[M].北京：中国计量出版社，2010.

[42]严晓玲，牛红云.食品微生物检测技术[M].北京：中国轻工业出版社，2017.

[43]胡克伟，任丽哲，孙强.食品质量安全管理[M].北京：中国农业大学出版社，2017.

[44]刘涛.现代食品质量安全与管理体系的构建[M].北京：中国商务出版社，2019.

[45]郭元新.食品安全与质量管理[M].北京：中国纺织出版社，2020.

[46]林海远.最新食品安全与质量管理[M].北京：中国建材工业出版社，2016.

[47]马长路，孙剑锋，柳青.食品安全与质量管理[M].重庆：重庆大学出版社，2015.

[48]宋庆武.食品质量管理与安全控制[M].北京：对外经济贸易大学出版社，2013.

[49]朱丹丹，姜淑荣.食品质量安全管理[M].北京：科学出版社，2018.

[50]李正明，吕林，李秋.安全食品的开发与质量管理[M].北京：中国轻工业出版社，2004.

[51]余奇飞，丁原春.食品质量安全管理[M].北京：化学工业出版社，2016.

[52]李在卿，邓峰.食品安全管理体系与质量环境管理体系整合实务[M].北京：中国轻工业出版社，2008.

[53]马长路，付丽，童斌.食品质量安全管理[M].北京：中国农业科学技术出版社，2014.

[54]季建刚.食品安全卫生质量管理体系实施指南[M].北京：中国医药科技出版社，2006.

[55]宁喜斌.食品质量安全管理[M].北京：中国质检出版社、中国标准出版社，2012.

[56]覃海元.食品质量安全管理实务[M].北京：中国农业大学出版社，2021.

[57]王可山.农产品电子商务与网购食品质量安全管理研究[M].北京：中国经济出版社，2019.

[58]艾启俊.食品质量与安全管理[M].北京：中国农业出版社，2015.

[59]陈宗道，刘金福，陈绍军.食品质量与安全管理[M].北京：中国农业大学出版社，2011.